普通高等教育"十四五"系列教材（土木工程专业）

工程测量实践教程

主　编　王灼英　熊梅

副主编　游潘丽

主　审　周有波　潘金辉

中国水利水电出版社

www.waterpub.com.cn

·北京·

内 容 提 要

　　本书是为满足开设"工程测量"课程的非测绘类专业的需求而编写，专业适应面较宽，内容的实用性、综合性、层次性较强，既有基本测绘技术与方法，又力求反映当前测量学科的最新技术。全书共分6章：第1章介绍进行工程测量工作的一般规定；第2章针对各院校及各专业的不同教学要求设计了14项实验；第3章面向不同专业的测量实习内容设计了3项综合实习；第4章工程测量实践课程练习，主要涉及工程测量基本概念、水准测量、角度测量、直线定向、地形图测绘的方法及应用；第5章中海达RTK测量坐标数据导出，主要介绍RTK测量坐标数据导出的具体要求；第6章CASS绘图步骤总结，主要介绍CASS绘图的具体步骤。

　　本书是实践实训类教材，可作为高职高专、自学考试和职业技能培训等的实践指导书。

图书在版编目（CIP）数据

　　工程测量实践教程 / 王灼英，熊梅主编. -- 北京：中国水利水电出版社，2025.9. --（普通高等教育"十四五"系列教材）. -- ISBN 978-7-5226-3450-0

　　Ⅰ. TB22

　　中国国家版本馆CIP数据核字第20259RW724号

策划编辑：寇文杰　　　　责任编辑：张玉玲　　　　封面设计：苏敏

书　　名	普通高等教育"十四五"系列教材（土木工程专业） 工程测量实践教程 GONGCHENG CELIANG SHIJIAN JIAOCHENG
作　　者	主　编　王灼英　熊梅 副主编　游潘丽 主　审　周有波　潘金辉
出版发行	中国水利水电出版社 （北京市海淀区玉渊潭南路1号D座　100038） 网址：www.waterpub.com.cn E-mail：mchannel@263.net（答疑） 　　　　　sales@mwr.gov.cn 电话：（010）68545888（营销中心）、82562819（组稿）
经　　售	北京科水图书销售有限公司 电话：（010）68545874、63202643 全国各地新华书店和相关出版物销售网点
排　　版	北京万水电子信息有限公司
印　　刷	三河市德贤弘印务有限公司
规　　格	184mm×260mm　16开本　9印张　230千字
版　　次	2025年9月第1版　　2025年9月第1次印刷
印　　数	0001—2000册
定　　价	29.00元

前　　言

近年来，随着测量技术的不断发展，工程测量工作中的数据采集与分析发生了革命性的变革，普通高校的工程测量课程实验与实习的内容和所使用的仪器应体现工程测量工作中的主流技术与仪器设备，新工科建设对工程实践动手能力的培养也提出了新的要求。为了使学生能够牢固地掌握课堂所学的理论知识，科学组织实验与实习内容，着力提升学生的动手实践能力，让学生在校就能接触到当前最新的测绘技术与仪器设备，保证学生的学以致用，使学生在岗位上尽快上手，编写一本面向非测绘类专业本科生的实践教材来加强动手能力、创新能力、分析及解决问题能力的培养是十分必要的。

本书是在总结多年测量教学经验的基础上，按照工程测量课程教学大纲的要求编写而成的。全书共分 6 章：第 1 章工程测量实验实训基础知识，主要介绍进行工程测量工作的一般规定；第 2 章工程测量课间实验项目，针对各院校及各专业的不同教学要求设计了 14 项实验，教学中可根据实际情况选择使用，每个实验内均有测量记录的练习用表，便于学生在实验过程中即时记录，实验内容后面的实验报告可满足学生现场记录、内业处理、实验、总结等；第 3 章工程测量综合实习，面向不同专业的测量实习内容设计了 3 项综合实习；第 4 章工程测量实践课程练习，主要涉及工程测量基本概念、水准测量、角度测量、直线定向、地形图测绘的方法及应用；第 5 章中海达 RTK 测量坐标数据导出，主要介绍 RTK 测量坐标数据导出的具体要求；第 6 章 CASS 绘图步骤总结，主要介绍 CASS 绘图的具体步骤。

本书由西昌学院的王灼英、熊梅任主编，西昌学院游潘丽任副主编，中铧正鑫路桥有限公司的潘金辉、凉山州现代房屋建筑集成制造有限公司的周有波任主审。其中，王灼英编写第 1 章、第 2 章的实验 2-1～实验 2-4、第 5 章、第 6 章，熊梅编写第 2 章的实验 2-5～实验 2-14、第 4 章，游潘丽编写第 3 章，胡敏负责全书图形绘制审定工作。

编　者

2025 年 4 月

目　录

第 1 章　工程测量实验实训基础知识

工程测量课程是土木、建筑、水利等多个学科的专业基础课程，理论教学、实验教学和实践教学共同构成了该课程完整的教学环节。教学实习是工程测量教学的重要组成部分，除验证课堂理论外，既是巩固和深化所学知识的环节，更是培养学生动手能力和训练严谨的科学态度以及工作作风的重要手段。教学中理论与实践紧密结合，强化测量仪器的操作应用和实践训练能力，有助于学生更好地掌握工程测量的基本原理和基础知识。工程测量是一门实践性很强的课程，是工程建设中不可或缺的一项基础工作，对非测绘类专业的学生而言，用人单位往往更看重学生对测量仪器的实际动手操作能力，它在工程的规划、设计、建设和验收等各个阶段都具有重要的作用，了解测量的基础知识对于从事工程建设的人员来说是非常必要的，通过实验、实习环节的教学训练，学生可以更全面地了解测量仪器的构成和原理，更熟练地掌握测量仪器的操作方法，进一步深入理解和掌握工程测量的基本理论、基本方法，为实际的测量工作打下坚实的基础。通过实验、实习，学生可以进一步提高实操能力，工程测量实习是加强学生对测量仪器操作使用的必要过程，可以培养、锻炼学生的组织能力、实验设计能力及分工协作和创新精神，为今后解决实际工程中遇到的有关测量问题打下基础。

1.1　工程测量实验实训目的与要求

一、实验实训目的

（1）培养和提高学生工程测量实操技能。

要求学生熟练掌握水准仪、全站仪、RTK 等常用测量仪器的使用；熟练掌握高程测量、角度测量、距离测量的方法和要求；熟练掌握测量数据的处理方法和测量成果的评定方法；能对影响测量成果精度的因素进行分析，并能采取正确的方法消减误差。

（2）培养和提高学生的科学实验能力。

通过实验，让学生正确理解实验原理，明确实验步骤，能够认真、严谨地按实验步骤进行实验操作。

（3）培养和提高学生的科学实验素养。

通过实验学习，培养学生理论联系实际和实事求是的科学作风，严肃认真的工作态度，主动探索精神，遵守纪律、爱护公物的良好品德。通过实践训练，提高学生自我管理、独立学习的能力和培养团结协作的精神。

二、实验实训要求

（1）实验过程中的仪器操作、数据记录等以本实践教程为参考，实验操作要结合实验仪器说明书、理论课教材中的内容进行，实验中要保护好仪器设备。

（2）实验实训前做好预习。实验实训预习根据拟进行的实验内容、课堂上讲授的知识、实践教程，自己独立思考完成该实验所需要的器材、实验的操作步骤、施测的数据、施测方法、影响实验精度的因素、可采取的提高测量精度的措施，做到实验课前完成预习，弄清楚实验实训的目的、要求、方法、步骤及有关注意事项，以保证按要求完成实验实训任务。

（3）实验教学中，学生认真听取教师教授该次实验内容、实验要求、操作步骤，认真观看教师的实验演示示范。实验过程中学生严格按照仪器使用要求进行操作，爱护测量仪器，轻拿轻放，注意保管好仪器，注意仪器及人身安全，防止事故发生。初次实验未经教师讲解、演示，不得擅自架设仪器进行操作，以免损坏仪器。实验过程中仪器如出现故障，应及时向指导教师报告，不可自行处理。若有损坏或者遗失应先进行登记，查明原因后，视其情节轻重，按有关规定予以适当赔偿或处理。

（4）实验实训分小组进行，组长负责和协调小组工作，办理所用仪器工具的借领和归还手续。实验实训过程中各小组成员轮流操作仪器，确保每人都得到动手锻炼的机会，培养学生独立工作的能力和严谨科学的态度，同时工程测量工作应团队协作完成，不要个人追求单独完成实验，同学之间要团结协作、相互学习，小组成员之间应密切配合，发扬相互协作精神。

（5）实验实训记录是实验成果的重要原始数据，务必做好实验实训记录。实验记录一律用 2H 铅笔，原始记录不得用橡皮擦涂改。测量过程中记录者应当先复诵一遍测量人员报的测量数据，无误后才记录，以免读错、听错和记错。

（6）记录数据要求字迹工整清晰，不得潦草。记错时用笔划去，并在错误数据的上方写上正确数据。记录数据不得转抄、涂改，不得伪造测量数据。

（7）实验实训结果不能满足精度要求的应立即重新测量，实验实训结果经指导教师检查合格后实验实训方可结束。实验实训结束后，认真清点仪器，将仪器清理干净，并将其正确放置到仪器箱中，注意取仪器前应观察仪器在仪器箱中的放置姿态；做好仪器的领取、使用、归还记录。每次实验实训完成后及时完成实验实训报告。

1.2　测量仪器使用的注意事项

测量仪器是贵重的精密光学、电子仪器，对测量仪器的正确使用、精心爱护和科学保养，是测量工作人员必须具备的基本素养和应该掌握的技能，也是保证测量成果质量、提高工作效率和延长仪器设备寿命的必备条件。在仪器工具的借领与使用中，必须严格遵守下述规定。

一、测量仪器工具的借领与归还

（1）实验实训时，以小组为单位领取仪器工具，凭学生证到测量仪器室办理借领手续。

（2）借领仪器工具时应该当场清点检查：要按照各实验实训项目的要求当场清点和检查仪器的型号、数量是否符合；仪器工具及其附件是否齐全；背带及提手是否牢固；三脚架是否完好等。如有缺损应及时补领或更换。

（3）仪器搬运前，必须锁好仪器并捆扎好各种工具。搬运仪器工具时，必须轻取轻放，避免剧烈震动、碰撞，仪器不可直接放在自行车上运送，以免剧烈震动。

（4）借出仪器工具后，不得与其他小组擅自调换或转借。

（5）实验实训结束后，应及时收装仪器工具，送还测量实验室检查验收，办理归还手续。如有遗失或损坏，缺少的附配件要及时查找，应写出书面报告说明情况，并按有关规定给予赔偿。

二、测量仪器、工具的一般性检查

（1）外观检查：检查仪器的表面、连接部位、紧固件等是否完好，仪器与三脚架连接稳固无松动，仪器转动灵活、平稳，仪器制动螺旋运转灵敏有效，微动螺旋运转平稳，有无破损、变形、松动等现象。

（2）功能检查：检查仪器的各项功能是否正常，如测量范围、测量速度、数据处理等。

（3）精度检查：检查仪器的测量精度是否符合国家标准或行业规定。

（4）稳定性检查：检查仪器的测量结果在一定时间内的稳定性。

（5）灵敏度检查：检查仪器的响应速度和灵敏度。

（6）电池电压检查：检查仪器的电池电压是否正常，电池电量是否充足，以保证仪器正常工作。

三、测量仪器的安置

（1）三脚架安装：首先将三脚架的架腿抽出、收拢在一起，不固定螺旋，使其大致与观测者的颈部同高，然后依次拧紧架腿上的各螺旋，不可用力过猛而造成螺旋滑丝，也要避免因螺旋未拧紧使架腿自行收缩而摔坏仪器。

（2）仪器开箱：在三脚架安置稳妥之后方可打开仪器箱，仪器箱应平放在地面上或其他台面上才能开箱，严禁托在手上或抱在怀里开箱，以免仪器从箱里掉出、摔坏。

（3）仪器箱检查：开箱后在未取出仪器前，应注意仪器在仪器箱中的安放位置，仪器用完装箱时要按照开箱时仪器的安放位置放回仪器箱内，避免装箱困难或错装情况。

（4）仪器安装：提取仪器之前，应先松开制动螺旋，再双手握住支架或基座，轻轻取出仪器将其放在三脚架上，保持一手握住仪器一手将脚架头的螺杆旋进到仪器基座上的底孔并旋紧，预防因忘记连上螺杆而摔坏仪器，最后旋紧连接螺旋，使仪器与三脚架连接牢固。仪器安置之后，任何时候，仪器旁必须有人看管，做到"人不离仪器"，防止其他无关人员摆弄以及行人、车辆等碰撞仪器，严格遵守"一米原则、一臂原则"，即仪器不离人一米、一臂远，注意风大，容易发生意外。必须养成工作安全意识、自我保护意识。

（5）关闭仪器箱：装好仪器之后，注意随即关闭仪器箱盖，防止沙土、杂草和雨水进入箱内。严禁坐在仪器箱上。

四、测量仪器的使用

（1）仪器安置好后，无论是否操作，必须有人看护，防止无关人员搬弄或行人、车辆碰撞仪器。

（2）实验过程中，要避免触摸仪器的物镜和目镜，在打开物镜时或在观测过程中，如发现灰尘，可用镜头纸或软毛刷轻轻拂去，严禁用手指或手帕等擦拭镜头，以免损坏镜头上的镀膜。观测结束后应及时套好镜盖。

（3）转动仪器时，应先松开制动螺旋再平稳转动。若仪器旋转手感有阻力时，不能强行扳动，应查明原因。使用微动螺旋时，应先旋紧制动螺旋。

（4）制动螺旋应松紧适度，不要将微动螺旋和脚螺旋旋到顶端，使用各种螺旋都应均匀用力，以免损伤螺纹，防止失灵。

（5）在野外使用仪器时，应以测伞遮挡，严防日晒雨淋。

（6）在仪器发生故障时，应及时向指导教师报告，不得擅自处理。

五、仪器的搬迁

（1）在行走不便的地区迁站或远距离迁站时，必须将仪器装箱之后再搬迁。

（2）短距离迁站时，可将仪器连同三脚架一起搬迁。方法是：先取下垂球，检查并旋紧仪器连接螺旋，松开各制动螺旋使仪器保持初始位置，经纬仪望远镜物镜对向度盘中心，水准仪的水准器向上，再收拢三脚架，左手握住仪器基座或支架放在胸前，右手抱住三脚架放在肋下，稳步行走。严禁斜扛仪器，以防碰摔。

（3）搬迁时，小组其他人员应协助观测员带走仪器箱和有关工具。水准测量中，每次迁站都要清点所有仪器、附件、器材，防止丢失。

六、仪器的装箱

（1）每次使用仪器后，应及时清除仪器上的灰尘及三脚架上的泥土。

（2）仪器拆卸时，应先将仪器脚螺旋调至大致同高的位置，再一手扶住仪器，一手松开连接螺旋，双手取下仪器。

（3）仪器装箱时，应先松开各制动螺旋，使仪器就位正确，试关箱盖确认放妥后，再拧紧制动螺旋，然后关箱上锁。若合不上箱口，切不可强压箱盖，以防压坏仪器。

（4）实验结束后，应及时收装清点仪器、工具，送归测量实验室检查验收，防止遗失。

七、测量工具的使用

（1）钢尺的使用：应防止扭曲、打结和折断，防止行人踩踏或车辆碾压，尽量避免尺身着水。携尺前进时，应将尺身提起，不得沿地面拖行，以防损坏刻划。钢尺用完后应擦净、涂油，以防生锈。

（2）皮尺的使用：应均匀用力拉伸，避免着水、车压。如果皮尺受潮，应及时晾干。

（3）各种标尺、花杆的使用：应注意防水、防潮，防止受横向压力，不能磨损尺面刻划的漆皮，使用完毕应安放稳当。此外，对于塔尺的使用，还应注意接口处的正确连接，使用后及时收尺。

（4）测绘板长期使用应注意保护板面，不得乱写乱画，不能施以重压。

（5）小件工具如垂球、测钎、尺垫等，使用完即收，防止遗失。

（6）所有测量工具都应保持清洁，由专人保管、搬运，不能随意放置，更不能作为捆扎、抬、担的其他工具。

八、其他注意事项

测量仪器对防震要求较高，在运输过程中要放置在仪器箱内并做好防震措施。仪器及其附件要保持清洁、干燥；棱镜、透镜不得用手接触或用毛巾等物擦拭。受潮的仪器要吹干后放置于阴凉处，在未干燥前不得装箱。电池、电缆线插头要对准插进，用力不能过猛，以免折断；在强烈的阳光下，要用测伞遮住仪器，绝不可把仪器的望远镜直接对向太阳。电池使用时要轻拿轻放，不得抛、投。电子类仪器的充电、保管、使用等各个环节都必须严格遵守相关规定。

不得随意删除内存数据，不得随意更改仪器参数（若需删除数据，应咨询仪器管理老师或指导教师；若更改仪器参数，应在仪器交还前恢复其常规设置）。培养学生遵守国家、行业规范的意识；培养学生勤勤恳恳、脚踏实地的工作作风；培养学生精益求精的新时代工匠精神。

1.3　测量记录与计算规则

测量记录是外业观测成果的记载和内业数据处理的依据，十分重要，为保证测量数据的真实、可靠，在测量记录或计算时必须严肃认真、一丝不苟，实验、实训中要细心、耐心，严格遵守下列规则：

（1）在测量记录之前，准备好硬芯（2H 或 3H）铅笔，同时熟悉记录表上的各项内容及其填写、计算方法。

（2）记录观测数据之前，应将记录表头的仪器型号、编号、日期、天气、测站、观测者及记录者姓名等已知数据填写齐全。

（3）观测者读数后，记录者应复诵回报无异议后记录者再进行记录。不得另纸记录、事后转抄。

（4）记录时要求字体端正清晰，数位对齐，数字对齐。字体的大小一般占格宽的 1/3～1/2，字脚靠近底线；表示精度或占位的"0"（例如水准尺读数 1.500 或 0.345，度盘读数 85°06′00″）均不可省略。记录表格上方表头里的各格内如果已经标注好各测量的单位，在将测量数据记录到下方的单元格时不需要再填写各测量单位，如（°）（′）（″）等符号就不用再出现在记录数据的单元格里。三、四等水准测量，要求在水准尺上读 4 位数，记录读数时不需要再添加小数点。

（5）观测数据的尾数不得更改，读错或记错后必须重测重记。例如，角度测量时，秒级数字出错，应重测该测回；水准测量时，毫米级数字出错，应重测该测站；钢尺量距时，毫米级数字出错，应重测该尺段。

（6）观测数据的前几位若出错时，应用细横线画去错误的数字，并在原数字上方写出正确的数字。注意不得涂擦已记录的数据。禁止连环更改数字，例如水准测量中的黑、红面读数，角度测量中的盘左、盘右，距离丈量中的往、返量等，均不能同时更改，否则重测。

（7）记录数据修改后或观测成果作废后，应在备注栏内写明原因（如测错、记错、超限等）。

（8）每站观测结束后，必须在现场完成规定的计算和检核，确认无误后方可迁站。

（9）数据运算应根据所取位数按"4 舍 6 入，5 前单进双舍"的规则进行凑整，即被舍去的第一位大于 5 者进，小于 5 者舍；正好是 5 者，前面一位是奇数时进，前面一位是偶数时舍，例如对 1.424m、1.4236m、1.4235m、1.4245m 这几个数据，若取至毫米位，则均应记为 1.424m。

（10）应该保持测量记录的整洁，严禁在记录表上书写无关内容，更不得丢失记录表。

第2章 工程测量课间实验项目

实验2-1 水准仪的认识与使用

一、实验目的与要求

1. 熟悉微倾式水准仪的基本构造、各操作部件的名称和作用，并熟悉使用方法。
2. 掌握微倾式水准仪的基本操作步骤，包括微倾式水准仪的安置、瞄准和读数方法等。
3. 练习普通水准测量一测站的测量、记录和计算。

二、仪器与工具

1. 在实验室借领：微倾式水准仪1台、板尺1对［一把4.687（红面最下端标注为47）m，另一把4.787（红面最下端标注为48）m］、尺垫2个、三脚架1个。
2. 自备：铅笔、草稿纸。

三、实验任务

1. 每人完成一次微倾式水准仪的架设。
2. 每人完成一次一个测站水准测量读数、记录与计算工作。

四、实验步骤

1. 认识微倾式水准仪
认识微倾式水准仪，了解各部件的名称和作用，如图2-1-1所示。

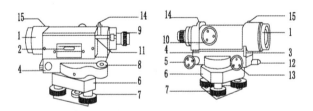

1—物镜；2—水准管；3—弹簧片；4—支架；5—微倾螺旋；6—基座；
7—脚螺旋；8—圆水准器；9—目镜；10—物镜对光螺旋；11—目镜对光螺旋；
12—制动螺旋；13—微动螺旋；14—缺口；15—准星

图2-1-1 DS₃型微倾式水准仪构造

2. 水准仪的使用
水准仪在一个测站上的操作顺序为：安置仪器—粗略整平—瞄准水准尺—精确整平—读数。
（1）安置仪器。在测站上打开三脚架，按观测者的身高调节三脚架腿的高度，使三脚架架头大致水平，如果地面比较松软则应将三脚架的三个脚尖踩实，使脚架稳定。然后将水准仪从箱中取出平稳地安放在三脚架架头上，一手握住仪器，一手立即用连接螺旋将仪器固连在三脚架架头上。

（2）粗略整平。粗略整平即初步的整平仪器，通过调节三个脚螺旋使圆水准器气泡居中，从而使仪器的竖轴大致铅垂。在整平的过程中，气泡移动的方向与左手大拇指转动脚螺旋时的移动方向一致。如果地面较坚实，可先练习固定三脚架两条腿，移动第三条腿使圆水准器气泡大致居中，再调节脚螺旋使圆水准器气泡居中。圆水准器调整如图 2-1-2 所示。

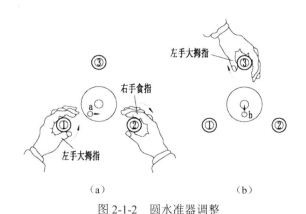

（a）　　　　　　　　　　　（b）

图 2-1-2　圆水准器调整

（3）瞄准水准尺（注意消除视差）。

1）目镜调焦：将望远镜对着明亮的背景（如天空或白色明亮物体，转动目镜调焦螺旋，使望远镜内的十字丝像十分清晰）。

2）初步瞄准：松开制动螺旋，转动望远镜，用望远镜筒上方的照门和准星瞄准水准尺，大致进行物镜调焦使在望远镜内看到水准尺像，此时立即拧紧制动螺旋。

3）物镜调焦和精确瞄准：转动物镜调焦螺旋进行仔细调焦，使水准尺的分划像十分清晰，并注意消除视差（图 2-1-3）；再转动水平微动螺旋，使十字丝的竖丝对准水准尺或靠近水准尺的一侧。

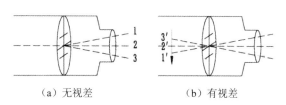

（a）无视差　　　　　　　　　（b）有视差

图 2-1-3　视差现象

（4）精确整平。转动微倾螺旋，从气泡观察窗内看到符合水准器气泡两端影像严密吻合（即调节将 U 形图像的两端对齐，前提是水准管的气泡已经大致居中才能在观察窗内看到 U 形图像）。注意微倾螺旋转动方向与符合水准器气泡左侧影像移动的方向一致。

（5）读数。仪器精确整平后，应立即用十字丝的中丝在水准尺上读数。观测者应先估读水准尺上毫米数（小于一格的估值，再将全部读数报出，应读出四位数，即米、分米、厘米、毫米数，只能以米或毫米为单位，如 1.568m 或 1568mm；0.860m 或 0860mm）。

读数应迅速、果断、准确，读数后应立即重新检视符合水准器气泡是否仍旧居中，如仍居中则读数有效，否则应重新使符合水准器气泡居中后再读数。

（6）高差计算。实地选择两点 A、B，如图 2-1-4 所示，分别在 A、B 两点上竖立水准尺，在与两水准尺距离大致相当的地方立水准仪，瞄准水准尺，分别读取两尺长度黑面中丝读数。

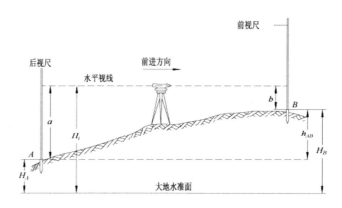

图 2-1-4　水准测量原理

测出高差 h_{AB} 的原理如下：在 A、B 两点上各竖立一根水准尺，并在 A、B 两点之间安置一台水准仪，根据水准仪提供的水平视线在水准尺上读数。设水准测量的前进方向是由 A 点向 B 点，则规定 A 点为后视点，其水准尺读数为 a，称为后视读数，B 点为前视点，其水准尺读数为 b，称为前视读数，则两点间的高差为：

$$高差 = 后视读数 - 前视读数 \tag{2-1}$$

于是 B 点的高程 H_B 可按式（2-2）计算：

$$H_B = H_A + (a - b) = H_A + h_{AB} \tag{2-2}$$

高差 h_{AB} 本身可正可负，当 $a>b$ 时，h_{AB} 值为正，这种情况是 B 点高于 A 点；当 $a<b$ 时，h_{AB} 值为负，即 B 点低于 A 点。

为了避免计算高差时发生正、负号的错误，在书写高差如 h_{AB} 时必须注意下标的写法。例如，h_{AB} 表示由 A 点至 B 点的高差，而 h_{BA} 表示由 B 点至 A 点的高差，即

$$h_{AB} = -h_{BA} \tag{2-3}$$

从图 2-1-4 还可以看出点的高程也可以利用水准仪的视线高程 h_i（也称为仪器高程）来计算：

$$H_i = H_A + a = H_B + b \tag{2-4}$$

$$H_B = H_A + (a - b) = H_i - b \tag{2-5}$$

当安置一次水准仪，根据一个已知高程的后视点，需要求出若干个未知点的高程时，用式（2-5）计算较为方便，此法称为视线高法，它在建筑工程施工中经常应用。

观测数据记录在实验报告的表格中，并根据式（2-1）～式（2-5）进行数据处理。

五、注意事项

1. 安置仪器时应将仪器中心连接螺旋拧紧，防止仪器从三脚架上脱落下来。

2. 水准仪为精密光学仪器，在使用过程中要按照操作规程作业，要正确使用各个螺旋。

3．在读数前务必将水准器的符合水准器气泡严格符合，读数后应复查气泡符合情况，发现气泡错开，应立即重新将气泡符合后再读数。

4．转动各螺旋时要稳、轻、慢，不能用力太大。

5．在实训过程中要及时填写实训报告。发现问题时，要及时向指导教师汇报，不能自行处理。

6．水准尺必须要有人扶着，绝不能立在墙边或靠在电杆上，以防摔坏水准尺。

7．螺旋转到底要反转回来少许，切勿继续再转，以防脱扣。

六、上交资料

每人上交《水准仪的认识与使用实验报告》一份。

七、一测站水准测量练习

在地面上选定 A、B 两点分别作为后视点和前视点并立尺，在距两尺（红尺面尺底读数分别为 4.787m 和 4.687m）距离大致相等处安置水准仪、粗略整平、瞄准后视尺、精确整平后分别对黑红两面读数，再瞄准前视尺，精确整平后分别对黑红两面读数。

要求同一把水准尺的黑红两面读数之差不得超过 ±3mm；黑面所测的高差、红面所测的高差之差不得超过 ±5mm（注意：黑面-黑面得到的 $h_{黑}$ 是高差，红面-红面得到的 $h_{红}$ 需要 ±100mm 之后才是高差）。

实验要求如下：

（1）水准仪安放到三脚架上必须立即将中心连接螺旋旋紧，严防仪器从三脚架上掉下摔坏。

（2）若风大，架设的仪器旁至少有一位同学守护。

（3）在读数前，注意消除视差，并使符合水准器气泡居中（微倾式水准仪水准管气泡 U 形对齐）。

（4）读数应从小到大。

（5）黑面尺的后视读数－前视读数（是高差），红面尺的后视读数－前视读数（如果两把水准尺的红尺面尺底读数一样，就是高差；如果红尺面尺底读数分别为 4.787m 和 4.687m，就要 ±100mm 才是高差），二者取平均需要按照"4 舍 6 入，5 前单进双舍"的原则进行。

实验报告 2-1　水准仪的认识与使用

日期：_____　年级：_____　专业：_____　姓名：_____　学号：_____

指导教师		组别		成绩	
观测者		记录者		天气	

主要仪器及工具：

实验目的：

实验内容：

实验操作方法：

测量数据记录

水准测量记录表

测站	测点	尺面颜色	后视读数 /mm	前视读数 /mm	后视－前视 /mm	平均高差 /m
1	示例：A—B	黑	1428	1269	0159	0.160
		红	6117	6055	0062	
	—	黑				
		红				
	—	黑				
		红				
	—	黑				
		红				
	—	黑				
		红				
	—	黑				
		红				
	—	黑				
		红				
	—	黑				
		红				
	—	黑				
		红				
	—	黑				
		红				
	—	黑				
		红				
	—	黑				
		红				
	—	黑				
		红				
校核						
数据处理						

影响测量结果的原因：

实验总结：

实验 2-2　普通水准测量

一、实验目的与要求

1．学习用 DS_3 型自动安平水准仪作双仪高水准路线测量，掌握主副尺水准测量一个测站的工作程序和一条水准路线的测量方法。

2．掌握双仪高水准测量手簿的记录及水准路线闭合差的计算方法。

3．培养学生的团队协作精神和沟通协调能力，培养学生的合作意识、纪律意识、遵守国家法律法规意识。

二、测量仪器与工具

1．在实验室借领：DS_3 水准仪 1 台、塔尺 2 把、尺垫 2 个、三脚架 1 个。

2．自备：计算器、铅笔、小刀、草稿纸。

三、实验任务

1．每组均采用双仪高水准测量的方法完成各个测站的测量并记录数据。

2．每组完成一条四个水准点闭合水准路线的测量，合格后进行平差，由其中一个已知水准点的高程和每两间的高差计算出其他三个水准点的高程。

四、实验步骤

1．由给定一个已知水准点 A 选定一条闭合水准路线（其他三个水准点的位置需要提前选好），其长度以安置 4～6 个测站为宜。

一人观测、一人记录、两人立尺，测量一个测站后应轮换工种（培养学生的团队协作精神和沟通协调能力，培养学生的合作意识、纪律意识）。

2．双仪高水准测量测量程序

（1）已知高程的水准点作为后视，在测量路线的前进方向上选取第一个立尺点（下一个水准点或转点）作为前视点，将水准仪置于距后视点、前视点距离大致相等的位置（用目估或步测），在后视点、前视点上分别竖立水准尺。

注意：四个水准点上不得放置尺垫，转点必须放置尺垫。

（2）在测站上，观测员按一个测站上的操作程序进行观测，即安置－粗略整平－瞄准－读数。分别读取后视尺、前视尺的读数后，升高或降低仪器的高度（需要大于 10cm），再次分别读取后视尺、前视尺的读数。

观测者读数后，记录者必须向观测者汇报，经观测者确认后方可记入记录手簿，并立即计算高差，计算得出两次高差后立刻计算出此测站的平均高差 $\overline{h}$。

（3）第一测站结束之后，记录者招呼后标尺者向前转移，并将仪器迁至第二测站。此时，第一测站的前视点便成为第二测站的后视点。然后依第一测站相同的工作程序进行第二测站的工作。依次沿水准路线方向施测直至回到起始水准点为止。

（4）计算闭合水准路线的高差闭合差 $f_h = \sum \overline{h}$ ，高差闭合差不应大于 $\pm 12\sqrt{n}$ （mm），n 为测站数，闭合差超限应重测（培养学生严格遵守国家法律法规的意识）。

（5）闭合差的分配：将符合限差要求的闭合差反符号，并按照与每测段测站数成正比进行分配，计算改正数，再计算改正后的高差。

（6）由已知水准点的高程，加上改正后的高差，推算未知水准点的高程。

五、实验要求

1. 应先规划好水准路线，水准点在实地位置，并在实地事先做好标志，才能开始水准测量。

2. 标尺者应认真将水准尺扶直，各测站的前、后视距离应尽量相等。

3. 请勿伸得过长，读数在 3m 内才有效，尺子和仪器箱应靠边放置。

4. 正确使用尺垫，尺垫只能放在转点处，已知水准点和待测水准点上不得放置尺垫。

5. 仪器未搬迁时，前、后视点上的尺垫均不能移动。仪器搬迁了，后视扶尺者才能携尺和尺垫前进，但前视点上的尺垫仍不得移动。

6. 双仪高法测得的两次高差相差不得超过 5mm，超限需要立即重测，必须遵守国家法律法规。

六、注意事项

1. 水准测量工作要求全组人员紧密配合、互谅互让，禁止争吵打闹。

2. 一般中丝读数以米为单位时，读数保留小数点后三位，且注意小数点后的"0"不可省略。

3. 扶尺者要将尺扶直，与观测者紧密配合，选择好立尺点。

4. 水准测量记录中严禁涂改、转抄，要用铅笔，不准用钢笔、圆珠笔记录，字迹要工整，记录表要整洁。

5. 每站水准仪置于前、后尺距离基本相等处，以消除或减少视准轴不平行于水准管轴的误差及其他误差的影响。

6. 在转点上立尺，读完上一站前视读数后，在下一站的测量工作未完成之前绝对不能触动尺垫或弄错转点位置。

7. 为校核每站高差的正确性，应按变换仪器高度的方法进行施测，以求得平均高差值作为本站的高差。

8. 限差要求：同一测站两次仪器所测高差之差应小于 5mm；水准路线高差闭合差的容许值为 $f_{h容} = \pm 12\sqrt{n}$ （n 为测站数），或 $f_{h容} = \pm 40\sqrt{L}$ （L 为测站距离，单位为 km）。

实验报告 2-2　普通水准测量

日期：_____　年级：_____　专业：_____　姓名：_____　学号：_____

指导教师		组别		成绩	
观测者		记录者		天气	

主要仪器及工具：

实验目的：

实验内容：

实验操作方法：

测量数据记录						
测站	测点	水准尺读数/m		高差/m	高程/m	备注
		后视读数	前视读数			

测站	测点	水准尺读数/m		高差/m	高程/m	备注
		后视读数	前视读数			
校核						

闭合水准路线闭合差调整					
点名	距离/m	观测高差/m	改正数/m	改正后高差/m	高程/m
Ax					
$\sum$					

$f_h = \sum \overline{h} = \qquad$ mm $\qquad\qquad$ 改正数 $V_i = \dfrac{-f_h}{\sum n} \times n_i$

$f_{h容} = \pm 12\sqrt{n} = \qquad$ mm

（备注：x 改为自己所在的组数编号）

数据处理：

影响测量结果的原因：

实验总结：

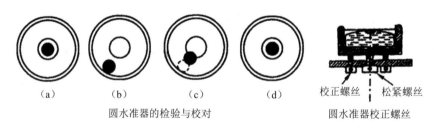

实验 2-3　水准仪的检验与校正

一、实验目的与要求

1. 认识水准仪各轴线应满足的条件。
2. 掌握水准仪的检验与校正的方法。
3. 让学生理解科学最重要的是客观，最主要的特点是全面、全息、正确、准确、精确。
4. 尽量选择平整的场地进行实验，不得在道路中间。
5. 需要校正部分，应在教师的指导下进行，不得随意拨动仪器的各个螺丝。

二、仪器设备

1. 在实验室借领：自动安平水准仪 1 台、塔尺或板尺 2 把、三脚架 1 个。
2. 自备：计算器、铅笔、小刀、草稿纸。

三、实验任务

每组多次完成水准仪的各项检验，轮换操作。

四、实验步骤

1. 一般性检验

安置仪器后，检查三脚架是否牢固，制动螺旋、微动螺旋、微倾螺旋、调焦螺旋、脚螺旋等是否有效，望远镜成像是否清晰等。

2. 圆水准器轴平行于仪器竖轴的检验与校正（图 2-3-1）

（1）检验：转动脚螺旋使圆水准器气泡居中，将仪器旋转 180°后，若气泡仍居中，则说明圆水准器轴平行于仪器竖轴，否则需要校正。

（2）校正：转动脚螺旋使气泡返回偏离值一半，然后拨动圆水准器下面的三个校正螺丝使气泡居中。如此反复检校，直至圆水准器在任何方向气泡都居中为止。

（a）　　（b）　　（c）　　（d）　　校正螺丝　松紧螺丝
圆水准器的检验与校对　　圆水准器校正螺丝

图 2-3-1　圆水准器轴平行于仪器竖轴的检验与校正

3. 十字丝横丝垂直于仪器竖直轴的检验与校正（图 2-3-2）

（1）检验：以十字丝交点瞄准一明细点，转动水平微动螺旋，若明细点离开横丝，则需校正。

（2）校正：旋下十字丝分划板护罩，用螺丝刀松开十字丝分划板座固定螺丝，微微转动十字丝分划板座，至误差不显著为止，最后拧紧固定螺丝。

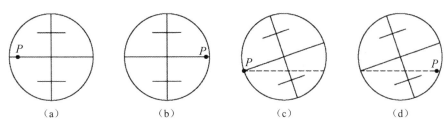

图 2-3-2　十字丝横丝垂直于仪器竖直轴的检验与校正

4. 视准轴平行于水准管轴的检验与校正（图 2-3-3）

（1）检验：在平坦地面 C 处安置水准仪，从仪器向两侧各量 30～40m 定出等距离的 A、B 两点，在该两点放置尺垫。用双仪高法测定 A、B 两点的高差，若两次测得的高差不超过 3mm，取其平均值作为两点的高差 h（此高差已消除或减弱 i 角误差的影响，故认为此高差为正确高差）。再搬仪器至 A 点附近（离 A 点约 2～3m），读取 A 点水准尺读数 a_2（由于离 A 尺很近，可认为没有 i 角误差的影响），结合正确高差 h 可计算出 B 点尺上应读数：

$b_{2应} = a_2 - h$，再实际读取 B 尺上真实的读数 b_2，若 $b_{2应} \neq b_2$，可计算 i 角：

$$i = \tan i = \frac{b_2 - b_{2应}}{D_{AB}} \cdot \rho''$$

若 i 角值>20″，则需校正。

（2）校正：转动微倾螺旋，使十字丝中丝在 B 尺上读数由 b_2 移到 $b_{2应}$，用校正针拨动水准管一端的校正螺丝，使气泡居中。如此反复检校，直到 i 角误差小于 20″为止。

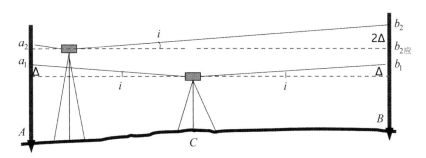

图 2-3-3　视准轴平行于水准管轴的检验与校正

实验报告 2-3 水准仪的检验与校正

日期：_____ 年级：_____ 专业：_____ 姓名：_____ 学号：_____

指导教师		组别		成绩	
观测者		记录者		天气	

主要仪器及工具：

实验目的：

实验内容：

实验操作方法：

数据记录表	
一般性检验	
三脚架是否牢稳	
制动螺旋、微动螺旋是否有效	
其他	
圆水准器轴平行于仪器竖轴的检验与校正	
转 180°检查次数	气泡偏差数/mm
1	
2	
3	
结论 （是否需要校正，如果需要校正，如何校正）	
十字丝横丝垂直于仪器竖直轴的检验与校正	
检查次数	误差是否显著
1	
2	
3	
结论 （是否需要校正，如果需要校正，如何校正）	

视准轴平行于水准管轴的检验与校正			
仪器在中点求正确高差		**仪器在 A 点旁检验校正**	
第一次	A 点尺上读数 a_1	第一次	A 点尺上读数 a_2
	B 点尺上读数 b_1		B 点尺上读数 $b_{2应}(b_{2应} = a_2 - h)$
			B 点尺上读数 b_2'
	$h_1 = a_1 - b_1$		偏差值 $\Delta b = b_2' - b_{2应}$
第二次	A 点尺上读数 a_1'		$i'' = \dfrac{\Delta b}{D_{AB}} \times \rho''$
	B 点尺上读数 b_1'	第二次	A 点尺上读数 a_2
			B 点尺上读数 $b_{2应}(b_{2应} = a_2 - h)$
	$h_1' = a_1' - b_1'$		B 点尺上读数 b_2'
平均	平均高差 $= \dfrac{1}{2}(h_1 + h_1')$ $h=$		偏差值 $\Delta b = b_2' - b_{2应}$
			$i'' = \dfrac{\Delta b}{D_{AB}} \times \rho''$
结论 （是否需要校正，如果需要校正，如何校正）			

ρ''=206265″

通过对水准仪的检验和校正，让学生理解科学最重要的是客观，最主要的特点是全面、全息、正确、准确、精确。

实验 2-4　认识经纬仪或全站仪

一、实验目的与要求

1. 认识电子经纬仪或全站仪的基本结构及主要部件的名称和作用。
2. 掌握测回法观测水平角的观测和计算方法，了解各项限差。
3. 培养学生脚踏实地、勤于思考的劳动精神。

二、仪器与工具

1. 在实验室借领：DJ$_2$ 型电子经纬仪或全站仪 1 台、花杆 2 根、三脚架 1 个。
2. 自备：计算器、铅笔、小刀、草稿纸。

三、实验任务

1. 每人完成一次仪器的操作：对中—整平—瞄准—读数。
2. 每组采用测回法完成水平角的测量并记录数据（每人完成 1 个测回），需要轮换操作。

四、实验步骤

1. 练习仪器安置，包括粗略对中—粗略整平—精确整平—精确对中。

（1）粗略对中。将三脚架安置在测站点上，并使架头大致水平，双手移动其中的两个架腿使对点器对准测站点。

（2）粗略整平。松开三脚架的伸缩螺旋，调节三脚架腿的高度，使照准部圆水准器气泡居中。

（3）精确整平（图 2-4-1）。使照准部水准管轴平行于两个脚螺旋的连线，相对地转动这两个脚螺旋使水准管气泡居中；将照准部旋转 90°，转动另一脚螺旋使水准气泡居中；在这两个位置反复 2~3 次，直到气泡任何方向都居中（气泡移动的方向与左手大拇指移动的方向一致）。

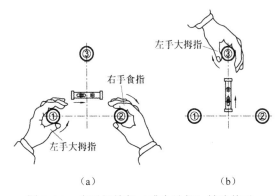

（a）　　　　　　　　　（b）

图 2-4-1　电子经纬仪（或全站仪）精确整平

（4）精确对中。若整平后发现对中有偏差，略松开三脚架的中心连接螺旋，平行推动仪器再进行对中，拧紧连接螺旋。

通常步骤（3）和步骤（4）反复 2～3 次，这样可以保证仪器既对中又整平。

2．测回法是测定某一单独水平角的最常用方法（图 2-4-2）。设测站为点 O，左目标为点 A，右目标为点 B，测定水平角 β，具体测量方法与步骤如下：

（1）将仪器安置于测站点 O，对中和整平，盘左位置（竖直度盘在望远镜左边）瞄准左方目标点 A，记下该水平度盘读数 a_1。

（2）顺时针选择照准部，瞄准右方目标点 B，记下该水平度盘读数 b_1，计算得出上半测回角度值 $\beta_左 = b_1 - a_1$。

（3）倒转望远镜换成盘右位置（竖直度盘在望远镜右边），瞄准右方目标点 B，记下该水平度盘读数 b_2。

（4）逆时针选择照准部，瞄准左方目标点 A，记下该水平度盘读数 a_2，计算得出下半测回角度值 $\beta_右 = b_2 - a_2$。

（5）对比上下半测绘角度值 $\beta_左$ 和 $\beta_右$，如果二者的差值不大于 $40''$，则取其平均值作为一个测回的水平角值，$\beta_{一测回} = \frac{1}{2}(\beta_左 + \beta_右)$。

（6）在测回间需要置盘，按照 $\frac{180°}{n}$（n 为测回的个数）来进行置盘。如测 4 个测回，需要按照 0°、45°、90°、135°稍多一点进行置盘。

通过以上操作过程，培养学生脚踏实地、勤于思考的劳动精神。

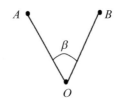

图 2-4-2　测回法示意图

五、注意事项

1．要旋紧三脚架中心连接螺旋，防止仪器滑脱事故。

2．瞄准目标时应尽量瞄准目标底部，以减少由于目标倾斜引起水平角观测的误差。

3．在同一测回观测过程中，不得再置盘，改变水平度盘的位置。

4．仪器屏幕上有显示 HR/HL（或 R/L）的切换，HR（R）代表水平度盘为顺时针注记，HL（L）代表水平度盘为逆时针注记，只能使用代表顺时针注记的 HR（R），在整个的实验过程中不得切换，能且只能使用 HR（R）。根据实际情况选择电子经纬仪（或全站仪）左旋还是右旋，养成脚踏实地、勤于思考的劳动精神。

5．观测过程中，水准管气泡偏离不得大于一格，同一测回内若气泡偏离居中位置大于一格则该测回应重测。不允许在同一个测回内重新整平仪器，不同测回则允许在测回间重新整平仪器。

六、实验数据示例

一测回水平角测量记录表（示例）（水平度盘读数顺时针增加的情况）

测站	测回	竖盘位置	目标	水平度盘读数 /（°　′　″）	半测回角值 /（°　′　″）	一测回角值 /（°　′　″）	各测回角值 /（°　′　″）
O	1	左	A	0　10　18	53　23　36	53　23　30	（示例数据）将多个测回的"一测回角值"进行平均
			B	53　33　54			
		右	B	233　33　48	53　23　24		
			A	180　10　24			

实验报告 2-4　一测回水平角测量（x 代表组数）

日期：＿＿＿＿＿＿ 年级：＿＿＿＿＿＿ 专业：＿＿＿＿＿＿ 姓名：＿＿＿＿＿＿ 学号：＿＿＿＿＿＿

指导教师		组别		成绩	
观测者		记录者		天气	

主要仪器及工具：

实验目的：

实验内容：

实验操作方法：

数据记录表								
测站	测回	竖盘位置	目标	水平度盘读数 /(° ′ ″)	半测回角值 /(° ′ ″)	一测回角值 /(° ′ ″)	误差	备注
O	1	左	Ax					
			Bx					
		右	Ax					
			Bx					

影响测量结果的原因：

实验总结：

实验 2-5　测回法观测水平角

一、实验目的与要求

1. 掌握测回法观测水平角的观测和计算方法，了解各项限差。
2. 培养学生的团队精神和集体荣誉感。

二、仪器与工具

1. 在实验室借领：电子经纬仪或全站仪 1 台、花杆 2 个、三脚架 1 个。
2. 自备：计算器、铅笔、小刀、草稿纸。

三、实验任务

1. 一组共同完成一个闭合角度的测量（图 2-5-1，每个组员完成一个角度的测量），培养学生的团队精神和集体荣誉感。
2. 每个角采用盘左盘右一测回的平均值。

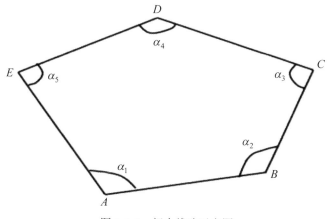

图 2-5-1　闭合线路示意图

四、实验步骤

1. 在一个指定的点上安置经纬仪（或全站仪）。
2. 选择两个明显的固定点作为观测目标或用花杆标定两个目标。
3. 用测回法测定其水平角值，观测程序如下：

（1）安置好仪器后，照准部照准左方目标，读取水平度盘读数。记录人听到读数后立即回报观测者，经观测者确认后立即记入测角记录表中。

（2）顺时针旋转照准部照准右方目标，读取水平度盘读数并记入测角记录表中。

（3）由（1）和（2）两步完成了上半测回的观测，记录者在记录表中要计算出上半测回角值。

（4）将仪器置为盘右位置，先照准右方目标，读取水平度盘读数并记入测角记录表中。

其读数与盘左时的同一目标读数大约相差 180°。

（5）逆时针转动照准部，再照准左方目标，读取水平度盘读数并记入测角记录表中。

（6）由（4）和（5）两步完成了下半测回的观测，记录者再计算出下半测回角值。

至此便完成了一个测回的观测。如上半测回角值和下半测回角值之差没有超限（不超过±40″），则取其平均值作为一测回的角度观测值，也就是这两个方向之间的水平角。

如果观测不止一个测回，而是要观测 n 个测回，那么在每测回要重新设置水平度盘起始读数。即对左方目标每测回在盘左观测时，水平度盘应设置为 $\dfrac{180°}{n}$ 的整倍数来观测。

五、注意事项

1. 在记录前，先要弄清楚表格的填写顺序和填写方法。

2. 每一测回的观测中间，如发现水准管气泡偏离，也不能重新整平。本测回观测完毕，下一测回开始前再重新整平仪器。

3. 在照准目标时，要用十字丝竖丝照准目标的明显处，最好看目标下部，上半测回照准什么部位，下半测回仍照准这个部位。

4. 长条形较大目标需要用十字丝双丝来照准，点目标用单丝平分。

5. 在选择目标时，最好选取不同高度的目标进行观测。

实验报告 2-5　测回法完成水平角的测量

日期：_____ 年级：_____ 专业：_____ 姓名：_____ 学号：_____

指导教师		组别		成绩	
观测者		记录者		天气	

主要仪器及工具：

实验目的：

实验内容：

实验操作方法：

数据记录							
测站	测回	竖盘位置	目标	水平度盘读数 / (° ′ ″)	半测回角值 / (° ′ ″)	一测回角值 / (° ′ ″)	备注 （绘出简图）
	1	左					
		右					
	2	左					
		右					
	3	左					
		右					
	4	左					
		右					
	5	左					
		右					
	6	左					
		右					
	7	左					
		右					
	8	左					
		右					
辅助计算							

数据处理:

影响测量结果的原因:

实验总结:

数据计算			
角度编号	角度测量值/（° ′ ″）	角度修正值/（″）	修正后的角度值/（° ′ ″）
Σ			

实验 2-6　全圆观测法观测水平角

一、实验目的与要求

1．掌握全圆测回法观测水平角的观测和计算方法，了解各项限差。
2．培养学生工作热情、认真踏实的敬业精神。

二、仪器与工具

1．在实验室借领：全站仪 1 台、全站仪棱镜对中杆 4 把、三脚架 1 个。
2．自备：计算器、铅笔、小刀、草稿纸。

三、实验任务

1．一人完成在一个测站上观测方向大于 3 个以上的全圆观测。
2．一组所有组员完成的测量成果合格后，求各观测方向平均值作为该组的最后成果。

四、实验步骤

一测回的观测顺序可按下列步骤进行：
（1）在测站点 O 架设全站仪，分别在各观测点 A、B、C、D 上竖立照准目标（图 2-6-1）。

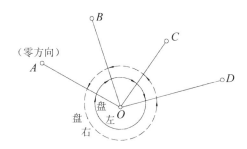

图 2-6-1　全圆观测法示意图

（2）选择一个距离适中、成像清晰的目标作为起始方向，假设为点 A，仪器盘左状态瞄准，配置水平度盘略大于 0°，精确瞄准目标点 A，读数。
（3）顺时针转动仪器照准部，依次瞄准点 B、点 C、点 D 目标，读数，记录到表格中的对应位置。
（4）顺时针转动仪器照准部，再次瞄准点 A 目标，读数，记录到表格中的对应位置。这个操作称为上半测回归零，两次照准点 A 的读数差称为归零差，归零差根据观测等级和仪器型号不同限值也不同。以上 4 个步骤称为上半测回，正好所有观测构成一个圆。
（5）转换为盘右位置，先瞄准起始方向 A，读数，记录；再逆时针旋转照准部，依次瞄准点 D、点 C、点 B、点 A 目标，读数，记录到表格中的对应位置，完成下半测回，所有观测再次构成一个圆。
2 倍照准误差，即 $2C$ 值，计算式为 $2C=$ 盘左读数–（盘右读数±180°）。

各方向平均读数，照准同一方向盘左、盘右读数的理论差应为 180°，因此其计算式为平均值=$\frac{1}{2}$ [盘左读数+(盘右读数±180°)]。

起始方向半测回两读数的平均值，即在各半测回中对起始方向点 *A* 观测两次，则取两次的平均值作为起始方向点 *A* 的值，记在起始方向平均读数空格的上方并用小括号括起来。

一测回归零方向值，将起始方向定为 0°00′00″，其他方向的归零角值为平均值减去起始方向处用小括号括起来的角度值。

各测回归零方向的平均值，如果需要进行多个测回的观测，则与测回法类似，采取累加 $\frac{180°}{n}$ 的方式配置度盘，将同方向的一测回归零方向值取平均。通过不断训练，培养学生工作热情和认真踏实的敬业精神，将理论与实践紧密联系。

根据仪器型号和测量等级的不同，使用全圆观测法应满足一定的限差要求。各测回间的操作顺序一致，只需在不同测回间按要求配置度盘即可。

全圆观测法观测水平角的技术要求

等级	仪器型号	半测回归零差/（″）	2*C* 互差/（″）	测回差/（″）
四级及以上	DJ$_1$	6	9	6
	DJ$_2$	8	13	9
一级及以下	DJ$_2$	12	18	12
	DJ$_6$	18	—	24

五、注意事项

1．应保证三脚架上的中心连接螺旋与基座结合牢固，防止仪器滑脱。应选择距离稍远、易于照准的清晰目标作为起始方向。

2．观测过程中，照准部水准管气泡偏离居中位置的值不得大于一格。同一测回内若气泡偏离居中位置大于一格则该测回应重测。不允许在同一个测回内重新整平仪器，不同测回则允许在测回间重新整平仪器。

实验报告 2-6　全圆观测法观测水平角

日期：_____　年级：_____　专业：_____　姓名：_____　学号：_____

指导教师		组别		成绩	
观测者		记录者		天气	

主要仪器及工具：

实验目的：

实验内容：

实验操作方法：

测站	回数	目标	盘左 /(° ′ ″)	盘右 /(° ′ ″)	2C /(″)	平均读数 /(° ′ ″)	一测回归 零方向值 /(° ′ ″)	各测回归 零方向平均值 /(° ′ ″)	备注
1	1								
	2								
	3								
	4								

测量数据记录

测站	回数	目标	盘左 /(° ′ ″)	盘右 /(° ′ ″)	2C /(″)	平均读数 /(° ′ ″)	一测回归 零方向值 /(° ′ ″)	各测回归 零方向平均值 /(° ′ ″)	备注
1	5								
	6								
	7								
	8								
辅助计算									

数据处理：

影响测量结果的原因：

实验总结：

实验 2-7　竖直角测量

一、实验目的与要求

1. 认识电子经纬仪或全站仪竖盘有关的部件及螺旋的名称和作用。
2. 掌握竖直角观测、记录、计算的方法。
3. 掌握竖盘指标差的测定方法。
4. 培养学生的求真精神和探索精神。

二、仪器与工具

1. 在实验室借领：DJ_2 型电子经纬仪或全站仪 1 台、三脚架 1 个。
2. 自备：计算器、铅笔、小刀、草稿纸。
3. 在场地周围选取多个高低不同的目标（根据组员人数确定，每人观测一个目标），需要方便用十字丝的横丝瞄准。

三、实验任务

1. 每组根据所用的仪器推算竖直角的计算公式、竖盘指标差的计算公式。
2. 每人练习对一目标进行竖直角观测一个测回，计算竖直角、竖盘指标差。
3. 每组根据计算出的竖盘指标差分析仪器是否需要进行竖盘指标差的校正。

四、实验步骤

1. 在实验场地安置仪器，进行对中、整平。转动望远镜，观察竖盘读数的变化规律。写出竖直角及竖盘指标差的计算公式（图 2-7-1 和图 2-7-2 竖盘为全圆顺时针注记，盘左视线水平时竖盘指标在 90°附近）。

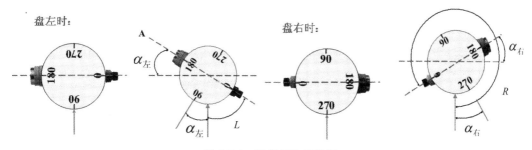

图 2-7-1　竖盘标注示意图

根据图 2-7-1，竖直角公式：

$$\alpha_{左} = 90° - L$$
$$\alpha_{右} = R - 270°$$

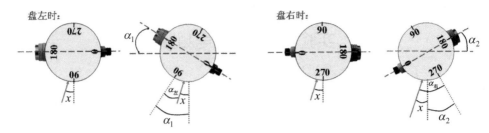

图 2-7-2　竖盘指标差标注示意图

根据图 2-7-2，竖盘指标差公式：

$$\alpha_1 = (90° + x) - L = 90° - L + x = \alpha_左 + x$$

$$\alpha_2 = R - (270° + x) = R - 270° - x = \alpha_右 - x$$

则竖盘指标差：

$$x = \frac{L + R - 360°}{2}$$

2．盘左瞄准目标，用十字丝中横丝切于目标，读取竖盘读数 L，计算竖直角 $\alpha_左$。

3．盘右瞄准目标，用十字丝中横丝切于目标，读取竖盘读数 R，计算竖直角 $\alpha_右$。

五、实验要求

1．观测过程中，对同一目标应用十字丝的中横丝切准同一部位。

2．计算竖直角和竖盘指标差应注意保留正、负号。

3．计算出的竖盘指标差 $|x| > 60″$ 时，需要校正。校正的方法是：仍以盘右瞄准原目标，计算盘右正确的竖盘读数 $R_应 = R - x$，转动指标水准管微动螺旋使竖盘读数为 $R_应$，此时气泡偏离一端，用校正针拨动指标水准管校正螺丝，先松一个后紧一个，使指标水准管气泡居中。如此反复检验，直到满足要求为止（本实验做检验操作，但发现竖盘指标差大于 60″，只需计算盘右应该的读数 $R_应$ 即可，无须校正）。

4．根据所使用的仪器竖盘标注自行推导竖直角计算公式和竖盘指标差计算公式。

六、实验数据

1．操作仪器并得出竖直角及竖盘指标差的计算公式。

（1）当视线完全水平时，竖盘应该的读数（只能是 90° 的整倍数，即 90°、180°、270°、0°）。

盘左时为（　　　　　　　　　　　）

盘右时为（　　　　　　　　　　　）

（2）转动望远镜，观察竖盘读数变化规律写出竖直角计算公式。

盘左时：$\alpha_左 =$

盘右时：$\alpha_右 =$

（3）考虑竖盘指标差的情况下竖直角的计算公式。

盘左时：$\alpha_1 =$

盘右时：$\alpha_2 =$

竖盘指标差：$x =$

通过以上竖直角的计算公式应用，培养学生的求真精神和探索精神。

2．竖直角观测。

测站	目标	竖盘位置	竖盘读数 / (°　′　″)	半测回竖直角 / (°　′　″)	平均角值 / (°　′　″)	指标差 / (″)	备注
O	A	左	80　05　20	9　54　40	9　54　30	−10	实例数据
		右	279　54　20	9　54　20			

七、注意事项

1．直接读取的竖盘读数并不是竖直角，竖直角需要通过计算才能获得。

2．竖盘因其刻划注记和始读数的不同，计算竖直角的方法也就不同，要通过应测来确定正确的竖直角和竖盘指标差计算公式。

3．盘左盘右照准目标时要用十字丝横丝照准目标的同一位置。

4．在竖盘读数前，务必使竖盘指标水准管气泡居中。

实验报告 2-7   竖直角测量

日期：_____ 年级：_____ 专业：_____ 姓名：_____ 学号：_____

指导教师		组别		成绩	
观测者		记录者		天气	

主要仪器及工具：

实验目的：

实验内容：

实验操作方法：

测量数据记录							
测站	目标	竖盘位置	竖盘读数 / (°　′　″)	半测回竖直角 / (°　′　″)	平均角值 / (°　′　″)	指标差 / (″)	校核
		左					
		右					
		左					
		右					
		左					
		右					
		左					
		右					
辅助计算							

数据处理:

影响测量结果的原因:

实验总结:

实验 2-8　全站仪的检验与校正

一、实验目的与要求

1. 熟悉全站仪各轴线应满足的条件。
2. 掌握全站仪的检验与校正方法。
3. 通过对全站仪的检验培养学生严谨的学习态度。

二、仪器与工具

1. 在实验室借领：全站仪 1 台、对中杆 1 把、三脚架 1 个。
2. 自备：铅笔、计算器、草稿纸。

三、实验任务

每组多次完成全站仪的各项检验，轮换操作。

四、实验步骤

1. 水准管的检验与校正。

（1）检验。

1）旋转仪器照准部，让水准管与任意两个脚螺旋连线平行，调整这两个脚螺旋使水准管气泡居中。

2）将照准部旋转 180°，如果气泡居中，说明水准管符合要求，不需要校正，否则应进行校正。

（2）校正。

1）在检验步骤 2）的位置，若水准管的气泡偏离了中心，先用与水准管平行的脚螺旋进行调整，使气泡向中心移近一半的偏离量，剩余的一半用校正针转动水准管校正螺旋进行调整至气泡居中。

2）将仪器旋转 180°，检查气泡是否居中。如果气泡仍居中，重复步骤 1），直到气泡居中为止。

3）将仪器旋转 90°，用第三个脚螺旋调整气泡居中，然后转动仪器进行检查，在任意位置气泡均应居中。

2. 圆水准器的检验与校正。

（1）检验：水准管检验校正后，若圆水准器气泡居中则不需校正，否则应进行校正。

（2）校正：若气泡不居中，用校正针或内六角扳手调整气泡下方的校正螺丝使气泡居中。校正时，应先松开气泡偏移方向对面的校正螺丝（1 个或 2 个），再拧紧偏移方向的其余校正螺丝使气泡居中。气泡居中时，3 个校正螺丝的紧固力均应一致。

3. 望远镜分划板的检验与校正。

（1）检验。

1）整平仪器后，在望远镜视线上选定一目标 P，用分划板十字丝中心照准 P，并固定水平和垂直制动手轮。

2）转动望远镜垂直微动手轮使 P 点移动至视场的边沿（P' 点）。

3）若 P 点是沿十字丝的竖丝移动，即 P' 点仍在竖丝之内的，则十字丝不倾斜也不校正，如图 2-8-1（a）所示，而如图 2-8-1（b）所示则需要校正。

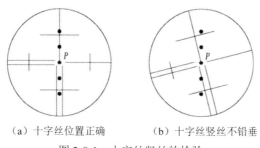

（a）十字丝位置正确　　　（b）十字丝竖丝不铅垂

图 2-8-1　十字丝竖丝的检验

（2）校正。

1）取下位于望远镜目镜与调焦手轮之间的分划板座护盖，便可看到 4 个分划板座固定螺丝。

2）用螺丝刀均匀地旋松这 4 个固定螺丝，绕视准轴旋转分划板座，使 A' 点落在竖丝的位置上。

3）均匀地旋紧固定螺丝，再用上述方法检验校正结果。

4）将护盖安装回原位。

4.视准轴与横轴垂直度的检验与校正。

（1）检验。

1）距离仪器同高的远处设置目标 A，精确整平仪器并打开电源。

2）在盘左位置将望远镜照准目标 A，读取水平角读数（如水平角读数 $L=200°13'10''$）。

3）松开垂直水平制动手轮竖直转动望远镜 $180°$，旋转照准部盘右照准同一 A 点（照准前应旋紧水平制动手轮和垂直制动手轮）并读取水平角读数（如水平角读数 $R=110°10'30''$）。

4）$2C = L-(R\pm180°) = -30'' > \pm20''$，需要校正。

（2）校正（图 2-8-2）。

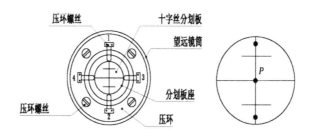

压环螺丝　　　十字丝分划板

望远镜筒

分划板座

压环螺丝　　　压环

图 2-8-2　十字丝竖丝的校正

1）用水平微动手轮将水平角读数调整到消除 C 后的正确读数：$R-C=200°11'30''-15''=200°10'15''$。

2）取下位于望远镜目镜与调焦手轮之间的分划板座护盖，调整分划板上水平左右两个十字丝校正螺丝，先松开一侧后紧另一侧的螺丝，移动分划板使十字丝中心照准目标 A。

3）重复检验步骤，校正到 $|2C|<20''$。

4）将护盖安装回原位。

5．竖盘指标零点自动补偿。

（1）检验。

1）安置和整平仪器后，使望远镜的指向和仪器中心与任一脚螺旋的连线相一致，旋紧水平制动手轮。

2）开机后指示竖盘归零，旋紧垂直制动手轮，仪器显示当前望远镜指向的竖直角值。

3）当朝一个方向慢慢转动脚螺旋至 10mm（圆周距）左右时显示补偿器超出正常范围，表示仪器竖轴倾斜已大于 $3'$，超出竖盘补偿器的设计范围。当反向旋转脚螺旋复原时仪器又复现竖直角（在临界位置可反复试验观察其变化），表示竖盘补偿工作正常。

（2）校正。

当发现仪器补偿失灵或异常时应送厂检修。

6．竖盘指标差和竖盘指标零的设置。

在完成望远镜分划板的检验与校正和竖盘指标零点自动补偿的检验与校正后再检验本项目。

（1）检验。

1）安置整平仪器后开机，将望远镜照准任一清晰目标点 A，得竖直角盘左读数 L。

2）竖直转动望远镜 180° 再照准目标点 A，得竖直角盘右读数 R。

3）若天顶为 0°，则 $i=\frac{1}{2}(L+R-360°)$；若水平为 0°，则 $i=\frac{1}{2}(L+R-180°)$ 或 $i=\frac{1}{2}(L+R-540°)$。

4）若 $|i|\geq10''$，则需要对竖盘指标零点重新设置。

（2）校正。

1）整平仪器后，按住 V%键开机，三声蜂鸣后松开，显示。

2）在盘左水平方向附近上下转动望远镜，待上行显示出竖直角后转动仪器精确照准与仪器同高的远处任一清晰稳定目标点 A，按 V%键，显示。

3）竖直转动望远镜 180°，盘右精确照准同一目标点 A，按 V%键，设置完成，仪器返回测角模式。

4）重复检验步骤重新测定指标差（i）。若指标差仍不符合要求，则应检验校正（指标零点设置）的 1）～3）步骤的操作是否有误、目标照准是否正确等，按要求重新进行设置。

5）经反复操作仍不符合要求时应送厂检修。

7．光学对中器的检验与校正（图 2-8-3 和图 2-8-4）。

1）光学基座放置在三脚架上，准备一张画上十字的白纸，放于仪器正下方地面。

2）调整光学基座对中器焦距，移动白纸，使十字交叉点位于视场中心。

3）转动脚螺旋，让光学基座对中器中心标志与十字交叉点重合。

图 2-8-3　光学对中器

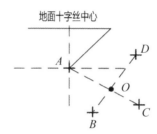

图 2-8-4　光学对中器的检验

4）选择光学基座照准部，每转 90°察看对中点中心同十字交叉点的重合度。若重合，则不必校正，反之则需校正。

光学基座对中器校正方法如下：

1）校正开始，取下光学基座对中器目镜和调焦手轮间的改正螺丝护盖。

2）固定好画有十字的白纸，仪器每旋转 90°都得使对中器的中心标志与十字交叉点重合。

3）落点在纸上标记，依次为 A 点、B 点、C 点、D 点。

4）用直线连接对角点 AC 和 BD，两直线交点为 O 点。

5）使用校正针调整光学基座对中器的 4 个校正螺丝，使对中器的中心标志与 O 点重合。

6）重复检验上一步骤，直至检查校正至符合要求。

7）将护盖安装回原位。

8. 仪器常数的检验与校正。

仪器常数在出厂时进行了检验，并在机内作了修正，使 $IC=0$。仪器常数很少发生变化，但建议此项检验每年进行 1～2 次。此项检验适合在标准基线上进行，也可以按下述简便的方法进行。

（1）检验。

1）选一平坦场地在点 A 安置并整平仪器，用竖丝仔细在地面标定同一直线上间隔 50m 的 B、C 两点，并准确对中地安置反射棱镜。

2）仪器设置了温度与气压数据后精确测出 AB、AC 的平距。

3）在 B 点安置仪器并准确对中，精确测出 BC 的平距。

4）可以得出仪器测距常数：$IC=AC-(AB+BC)$。IC 应接近等于 0，若 $|IC| \geqslant 5mm$，应送标准基线场进行严格的检验，然后依据检验值进行校正。

（2）校正。

经严格检验证实仪器常数 IC 不接近于 0，已发生变化，用户如果须进行校正，可按仪器加常数（IC）乘常数（SC）的设置步骤将仪器加常数按综合常数 IC 值进行设置。

9．视准轴与发射电光轴平行度的检验与校正。

（1）检验。

1）在距仪器 50m 处安置反射棱镜。

2）用望远镜十字丝精确照准反射棱镜中心。

3）打开电源进入测距模式，按 MEAS 键作距离测量，左右放置水平微动手轮，上下旋转垂直微动手轮，进行电照准，通过测距光路畅通信息 Ξ 闪亮的左右上下的区间找到测距的发射电光轴中心。

4）检查望远镜十字丝中心与发射电光轴照准中心是否重合，如基本重合即可认为合格。

（2）校正。

如望远镜十字丝中心与发射电光轴中心偏差很大，则应送专业修理部门校正。

10．一般检查。

1）基座脚螺旋的检查。

如果脚螺旋出现松动现象，可以调整基座上脚螺旋调整用的两个校正螺丝，拧紧螺丝到合适的压紧力度为止。

2）反射棱镜有关组合件的检查。

（1）反射棱镜基座连接器检查。

（2）对中杆垂直如图 2-8-5 所示，首先在地面点 A 上安置好全站仪，然后在距离点 A 约 30m 处确定点 O，并在点 O 处利用勾股定理画出 AO 连线的垂直方向 EF 线。将对中杆的下尖立于点 O，其一支脚位于 AO 连线的延长线上的点 B，另一支脚位于点 E。

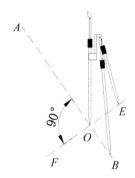

图 2-8-5　对中杆单方向十字交叉法检查

第一步：瞄准点 O 上对中杆的下尖，保持全站仪照准部水平不动，仅仅上仰望远镜使十字丝横丝平分棱镜，指挥对中杆仅伸缩 E 点上的支脚，使望远镜十字丝竖丝正好平分棱镜，这时对中杆在 AO 方向竖直。此时，若对中杆上的圆水准器气泡不居中，则保持对中杆不动，调整圆水准器底部的校正螺丝使气泡居中。

第二步：保持对中杆的下尖不动，将对中杆整体绕点 O 转动 90°，使点 B 上的支脚移至点 F，点 E 上的支脚移至点 B，再按第一步的方法校正。此法也应重复进行，使对中杆竖直时气泡居中。直到对中杆在两个方向上都垂直且圆水准器气泡居中为止。

通过对全站仪的检验培养学生严谨的科学态度。

五、注意事项

1. 尽量选择平整的场地进行实验。
2. 需要校正的部分应在教师指导下进行，不得随意拨动仪器的各个螺丝。
3. 严格按照操作规程进行作业，并注意进行检核。
4. 使用中认为某方面可能存在问题，可以有针对性地进行专项检查。

实验报告 2-8　全站仪的检验与校正

日期：_____　年级：_____　专业：_____　姓名：_____　学号：_____

指导教师		组别		成绩	
观测者		记录者		天气	

主要仪器及工具：

实验目的：

实验内容：

实验操作方法：

实验数据

长水准器的检验与校正	
照准部旋转 180°检查次数	气泡偏差数/mm
1	
2	
3	
结论（是否需要校正，如果需要校正，如何校正）	

圆水准器轴平行于仪器竖轴的检验与校正	
长水准器检验校正后，圆水准器气泡是否居中，如果不居中，如何校正	

望远镜分划板的检验与校正	
转动望远镜垂直微动手轮，P 点是否在竖丝上移动	
如果不在竖丝上移动，如何校正	

视准轴与横轴垂直度的检验与校正					
仪器位置		标点	竖盘位置	读数/（°　′　″）	2C/（″）
O	A	左			
		右			
结论（是否需要校正，如果需要校正，如何校正）					

竖盘指标零点自动补偿	
竖盘指标零点自动补偿是否需要校正，如果需要校正，如何校正	

竖盘指标差和竖盘指标零的设置				
仪器位置		标点	竖盘位置	读数/（° ′ ″）	i/（″）
O	A	左		
		右		
结论（是否需要重新设置）				

光学对中器的检验与校正	
照准部旋转90°/检查次数	对中器中心标志与十字交叉点重合情况
1	
2	
3	
结论（是否需要校正，如果需要校正，如何校正）	

视准轴与发射电光轴平行度的检验与校正	
检查望远镜十字丝中心与发射电光轴照准中心是否重合	
若不重合，如何校正	

实验 2-9　距离测量与罗盘仪的使用

一、实验目的与要求

1. 认识普通钢尺量距（低精度）、视距测量、全站仪电磁波测距的观测、记录、计算方法。
2. 熟悉罗盘的操作方法和磁方位角的测量方法。
3. 掌握评定距离测量成果的相对误差的计算方式。
4. 通过采用不同的仪器、不同的测量方法测出两点间的水平距离不完全相同，让学生认识到设备不同精度的差异，激发学生的创新意识，培养学生注重细节的工匠精神。

二、仪器与工具

1. 在实验室借领：全站仪 1 台、三脚架 1 个、罗盘仪 1 台、配合的罗盘三脚架 1 个、30（或 50）m 钢尺 1 把、塔尺 1 把、棱镜一个（含对中杆）、花杆 3 个、小卷尺（3m）1 把、直尺 1 把。
2. 自备：计算器、铅笔、草稿纸。

三、实验任务

1. 每组使用花杆肉眼定线完成往、返两次钢尺量距。
2. 每组使用全站仪（经纬仪）定线完成往、返两次钢尺量距。
3. 每组使用全站仪，配合水准尺完成往、返两次视距测量。
4. 每组使用全站仪，配合棱镜完成往、返两次电磁波测距。
5. 每组使用罗盘仪完成一方向往、返的磁方位角测量。

四、实验步骤

选择一平整的 30～40m 的场地，选择 A、B 两点作为距离测量和方向测量的边。

1. 花杆肉眼定线完成往、返两次钢尺量距（图 2-9-1）。

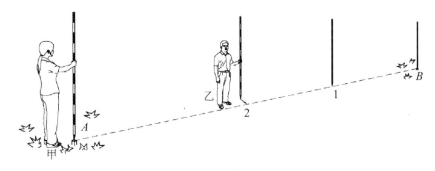

图 2-9-1　直线分段

（1）在 A、B 两点分别竖直放置两个花杆，由 B 点向 A 点使用钢尺量取一个整尺长度（如 10m，注意钢尺不得放置在地面上，应悬空拉直），并使用第三个花杆在地面上做好定线的标志（由远及近）。

（2）依次由 B 点到 A 点测量并记录整尺的个数 n_1。

（3）量取并记录剩下的余尺长度（钢尺一般读数到 mm，需要估读到 0.1mm）。

以上步骤为钢尺量距的往测，以下步骤为返测。

（4）在 A、B 两点分别竖直放置两个花杆，由 A 点向 B 点使用钢尺量取一个整尺长度（如 10m，注意钢尺不得放置在地面上，应悬空放置且不得过分下垂），并使用第三个花杆在地面上做好定线的标志（由远及近）。

（5）依次由 A 点到 B 点测量并记录整尺的个数 n_2。

（6）量取并记录剩下的余尺长度（钢尺一般读数到 mm，需要估读到 0.1mm）。

（7）根据往测、返测的距离计算 A、B 两点间的平均距离和相对误差。

2．全站仪（经纬仪）定线完成往返两次钢尺量距（图 2-9-2）。

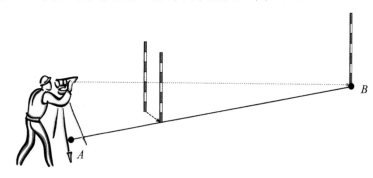

图 2-9-2   全站仪（或经纬仪）定线

（1）在 A 点放置全站仪，在 B 点放置一个花杆，由 B 点向 A 点使用钢尺量取第一个整尺长度（如 10m，注意钢尺不得放置在地面上，应悬空拉直），并使用另一个花杆在地面上做好定线的标志（由远及近）。

（2）依次由 B 点到 A 点测量并记录整尺的个数 n_1。

（3）量取并记录剩下的余尺长度（钢尺一般读数到 mm，需要估读到 0.1mm）。

以上步骤为钢尺量距的往测，以下步骤为返测。

（4）在 B 点放置全站仪，在 A 点放置一个花杆，由 A 点向 B 点使用钢尺量取第一个整尺长度（如 10m，注意钢尺不得放置在地面上，应悬空拉直），并使用另一个花杆在地面上做好定线的标志（由远及近）。

（5）依次由 A 点到 B 点测量并记录整尺的个数 n_2。

（6）量取并记录剩下的余尺长度（钢尺一般读数到 mm，需要估读到 0.1mm）。

（7）根据往测、返测的距离计算 A、B 两点间的平均距离和相对误差。

3．全站仪配合水准尺完成往、返两次视距测量。

（1）在 A 点放置全站仪，在 B 点放置一把塔尺，观测并记录 B 点水准尺的上、下丝（视距丝）读数、竖盘读数，根据上、下丝的读数差 n 和竖直角 α 计算 A 点、B 点之间的距离（可以任意选择瞄准水准尺的高度）。

$$视距 = n \cdot k \cdot \cos^2 \alpha = \left| 上丝读数 - 下丝读数 \right| \cdot k \cdot \cos^2 \alpha$$

其中，n 为上下丝读数之差的绝对值；α 为竖直角值（注意不是竖盘读数，要用竖直角计算公式先计算出竖直角值）；k 为常数，用 m 为单位 $k=100$。

（2）在 B 点放置全站仪，在 A 点放置一把塔尺，观测并记录 A 点水准尺的上、下丝（视距丝）读数、竖盘读数，根据上、下丝的读数差 n 和竖直角 α 计算 B 点、A 点之间的距离（可以任意选择瞄准水准尺的高度）。

（3）根据往测、返测的距离计算 A、B 两点间的平均距离和相对误差。

4. 全站仪配合棱镜完成往、返两次视距测量。

（1）在 A 点放置全站仪，在 B 点放置一个棱镜，开启全站仪距离测量，测得 A 点、B 点之间的水平距离 HD（注意全站仪测量出的距离有 3 种：SD 为斜距，VD 为高差，HD 为水平距离）。

（2）在 B 点放置全站仪，在 A 点放置一个棱镜，开启全站仪距离测量，测得 A 点、B 点之间的水平距离 HD。

（3）根据往测、返测的距离计算 A、B 两点间的平均距离和相对误差。

5. 罗盘仪完成一方向往、返的磁方位角测量（图 2-9-3 和图 2-9-4）。

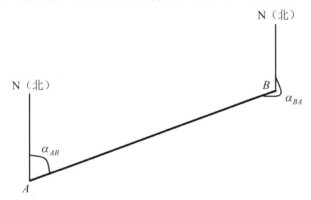

图 2-9-3　方位角含义示意图

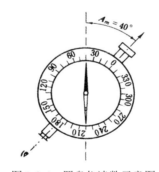

图 2-9-4　罗盘仪读数示意图

（1）在 A 点放置罗盘仪，在 B 点放置一个花杆，使用罗盘仪瞄准 B 点目标的最下端，放下磁针读取磁针北端的读数，为 AB 方向的磁方位角 α_{AB}。

（2）在 B 点放置罗盘仪，在 A 点放置一个花杆，使用罗盘仪瞄准 A 点目标的最下端，放下磁针读取磁针北端的读数，为 BA 方向的磁方位角 α_{BA}。

（3）根据往测、返测得的方位角计算 AB 边的平均方位角 $\overline{\alpha_{AB}}$。

$$\overline{\alpha_{AB}} = \frac{\alpha_{AB} + (\alpha_{BA} \pm 180°)}{2}$$

五、实验要求

1. 钢尺量距时，钢尺要拉直、拉平、拉稳；前尺手不得握住尺盒拉紧钢尺。
2. 钢尺读数应估读至 0.1mm。
3. 测磁方位角时，要分清磁针所指的北方向，应避免铁器干扰。
4. 相对精度的公式：

$$相对精度值 = \frac{\left|往测距离 - 返测距离\right|}{平均距离} = \frac{\left|往测距离 - 返测距离\right|}{\frac{1}{2}(往测距离 + 返测距离)} = \frac{1}{M}$$

一定要将其化为分子为 1 的形式，其中分母的 M 可以向下取整。

5. 通过采用不同的仪器、不同的测量方法测出两点间的水平距离不完全相同，让学生认识到设备不同精度的差异，激发学生的创新意识，培养学生注重细节的工匠精神。

实验报告 2-9　距离测量与罗盘仪的使用

日期：_____　年级：_____　专业：_____　姓名：_____　学号：_____

指导教师		组别		成绩	
观测者		记录者		天气	

主要仪器及工具：

实验目的：

实验内容：

实验操作方法：

实验数据						

花杆肉眼定线完成往、返两次钢尺量距

线段目标	观测方向	整尺段数 n	余尺长度（单位 m—估读至 0.1mm）	距离/m	平均距离/m	相对精度
AB	往测	$n_1=$				
	返测	$n_2=$				
辅助计算						

全站仪（经纬仪）定线完成往、返两次钢尺量距

线段目标	观测方向	整尺段数 n	余尺长度（单位 m—估读至 0.1mm）	距离/m	平均距离/m	相对精度
AB	往测	$n_1=$				
	返测	$n_2=$				
辅助计算						

全站仪配合水准尺完成往、返两次视距测量

线段目标	观测方向	视距丝读数	上下丝读数差/m	竖直度盘读数/ (° ′ ″)	竖直角值/ (° ′ ″)	水平距离/m	平均距离/m	相对精度
AB	往测							
	返测							
辅助计算								

全站仪配合棱镜完成往、返两次视距测量

线段目标	观测方向	水平距离/m	平均距离/m	相对精度
AB	往测			
	返测			
辅助计算				

罗盘仪完成一方向往、返的磁方位角测量

线段目标	观测方向		观测读数/ (° ′ ″)	正、反磁方位角/ (° ′ ″)	平均范围角/ (° ′ ″)
AB	*B*	N		$\alpha_{AB}=$	$\overline{\alpha_{AB}}=$
		S			
	A	N		$\alpha_{BA}=$	
		S			
辅助计算					

影响测量结果的原因:

实验总结:

实验 2-10　RTK 测量模式认识与碎步测量

实验 2-10-1　测量模式一：电台模式

一、实验目的与要求

通过实验进一步了解 GPS 原理以及在测绘中的应用，掌握 RTK 操作的步骤和方法，对 RTK 测量中 GPS 接收机的各种配置方法有一个深入的了解。

1．学会使用双频高精度 GPS 接收机（Trimble）、基准站、电台、流动站等。
2．学会使用手持式 GPS 电子记录手簿。
3．通过 GPS-RTK 放样实验进一步学习 GPS 测量原理及其实际应用。
4．巩固课堂所学的 GPS 测量知识，熟练掌握 GPS 的使用。
5．熟悉 GPS 数据内业处理流程。
6．历练团结协作与独立自主解决问题的能力。

二、仪器与工具

1．在实验室借领：2 台有内置电台的 RTK 仪器、电台发射天线、三脚架、对中杆、托架。
2．自备：铅笔、草稿纸。

三、实验任务

RTK 测量技术的认识、基准站的建立及仪器设置的方法、流动站的建立及配置集的设置。

四、实验步骤

1．基准站和移动站参数设置。
电台模式，基准站与流动站的数据通信是通过电台来完成的，基准站电台把基准站数据调制后以载波方式发出，移动站电台接收载波数据后解调。
（1）将基准站架设在安全、空旷、位置较高的区域，启动基准站和手簿，在手簿上新建或选择已有项目，使用蓝牙连接基准站。
（2）对基准站进行参数设置，选择电台模式（内置电台、外挂电台），选择好数据链中的频道和波特率。
（3）启动移动站，手簿连接移动站，选择相应的电台模式，对移动站进行参数设置，要特别注意频道和波特率必须与基准站的设置一致（否则移动站将无法接收基准站的信号）。
2．RTK 数据采集方法及过程。
选择碎步测量，出现固定解之后可以进行点数据采集工作。若出现浮动、单点等情况说明移动站接收的卫星信号较差或无法接收卫星信号。

五、注意事项

1. 基准站应架设在地势较高、视野开阔的地方，避免高压线、变压器等强磁场，以利于信号的传输和接收。

2. 不得在接收机附近使用手机、对讲机等通信工具，以免干扰卫星信号。作业结束时，要先关机、关电台，再拆除各种连接线。

3. 基准站如果是架设在已知点上，要进行严格的对中整平。

实验报告 2-10-1　测量模式一：电台模式

日期：_____　年级：_____　专业：_____　姓名：_____　学号：_____

指导教师		组别		成绩	
观测者		记录者		天气	

主要仪器及工具：

实验目的：

实验内容：

实验操作方法：

实验数据			
点号	N(X)	E(Y)	Z(H)

数据处理：

影响测量结果的原因：

实验总结：

实验 2-10-2   测量模式二：网络模式

一、实验目的与要求

掌握网络 RTK/GPS 测量的基本工作原理与操作方法、移动站的相关工作方式，设 Trimble TSC2 控制器进行网络 RTK/GPS 的外业测点测量。

二、仪器与工具

1. 在实验室借领：2 台有内置电台的 RTK 仪器、测量型 GPS 接收机（Trimble 5800）、Trimble TSC2 控制器、蓝牙手机、电台发射天线、三脚架、对中杆、托架。

2. 自备：铅笔、草稿纸。

三、实验任务

1. 网络 RTK 测量的基本原理。
2. 中国移动 GPRS（CMNET）或联通 CDMA 无线网络连接 Internet 的方法。
3. 建立拨号简表。
4. 移动站建立任务。
5. 移动站的测量模式：新建 VRS 工作形式。
6. 碎步点测量与数据输出。

四、实验步骤

1. 移动站参数设置。

网络模式，不使用电台传输数据，而是使用公共网络（GPRS）传输数据。若自己架设基准站，需要在基准站和移动站中分别插入一张 SIM 卡；若使用 CORS 站（全国卫星导航定位基准服务系统——省 CORS 网、千寻 CORS、自有 CORS），则只需使用一台移动站，移动站也需要连接网络，可采用：

1）SIM 卡放置在 RTK 的机头中。
2）SIM 卡放置在手簿中。
3）手机开热点，手簿连接手机热点。

（1）启动移动站，手簿连接移动站，选择相应的模式（内置网络、手簿差分），对移动站进行参数设置，包括网络模式、运营商、服务器、IP、端口、源结点等。

（2）输入相应的账号和密码。

2. RTK 数据采集方法及过程。

选择碎步测量，出现固定解之后可以进行点数据采集工作。若出现浮动、单点等情况说明移动站接收的卫星信号较差或无法接收卫星信号。由于是使用网络模式连接基准站和移动站，网络信号可能也存在影响，必要时检测网络是否流畅。

实验报告 2-10-2　测量模式二：网络模式

日期：_____　年级：_____　专业：_____　姓名：_____　学号：_____

指导教师		组别		成绩	
观测者		记录者		天气	

主要仪器及工具：

实验目的：

实验内容：

实验操作方法：

实验数据			
点号	N(X)	E(Y)	Z(H)

数据处理：

影响测量结果的原因：

实验数据对比与实验心得：

分别使用电台模式和网络模式采集相同位置的数据进行对比，两次实验数据相差在哪个数量级，并对本次实验做一个总结。

实验 2-11   后方交会测量

一、实验目的与要求

1. 掌握后方交会的含义。
2. 会用全站仪后方交会建站测量。
3. 多方协同形成合力，培养造就更多高技能人才。

二、仪器与工具

1. 在实验室借领：全站仪 1 台、棱镜 1 个、RTK 移动站 1 台、RTK 对中杆 1 个。
2. 自备：计算器、铅笔、小刀、草稿纸。
3. 数据来源：使用 RTK 移动站测量出 A、B、C、D 四点的 CGCS2000（国家 2000）坐标系下的坐标，以 A、B、C 三点为已知点，在 D 点上安置仪器，使用全站仪后方交会的方法建站，计算出 D 点的坐标，并测量周围不少于 10 个点的坐标，再使用 RTK 测量相同的点进行验证。

三、实验任务

1. RTK 的碎步点测量。
2. 全站仪后方交会测量建站。
3. 全站仪碎步点测量。
通过以上实验，多方协同形成合力，培养造就更多高技能人才。

四、实验步骤

1. 使用 RTK 移动站碎步测量，测出 A、B、C、D 四点坐标，其中 A、B、C 点用作后续的全站仪后方交会的已知点，D 点用于后方交会测量结果的验证。
2. 在合适的位置 D 点安置全站仪，使用后方交会方法建站，计算出 D 点坐标。
3. 使用全站仪测量周围不少于 10 个地物特征点，并记录其坐标。
4. 使用 RTK 测量相同的地物特征点，同样记录其坐标。
5. 验证全站仪和 RTK 测量出的特征点坐标精度。

五、注意事项

1. RTK 采集不少于 10 个特征点数据时也需要固定解。
2. 全站仪应在适当位置（D 点）严格整平，气泡偏离不得超过一格。
3. 全站仪采集不少于 10 个特征点数据时，棱镜需要气泡居中，设置合适的棱镜高。
4. RTK 采集相同地物特征点数据需要固定解时方可测量。
5. 画出相应的点位示意图。

实验报告 2-11　后方交会测量

日期：_____　年级：_____　专业：_____　姓名：_____　学号：_____

指导教师		组别		成绩	
观测者		记录者		天气	

主要仪器及工具：

实验目的：

实验内容：

实验操作方法：

实验数据			
RTK 测量的已知点	N(X)	E(Y)	Z(H)
A			
B			
C			
D			
全站仪后方交会得出的 D 点坐标			
RTK 测量出的 D 点坐标			
绝对误差			
全站仪测量的特征点	N(X)	E(Y)	Z(H)
1			
2			
3			
4			
5			
6			
7			
8			
9			
10			
11			
12			
13			
14			
15			
16			
17			
18			
19			
20			
21			
22			
23			
24			
25			

RTK 测量的特征点	N(X)	E(Y)	Z(H)
1			
2			
3			
4			
5			
6			
7			
8			
9			
10			
11			
12			
13			
14			
15			
16			
17			
18			
19			
20			
21			
22			
23			
24			
25			
26			
27			
28			
29			
30			
31			
32			
33			
34			
35			

数据处理：

影响测量结果的原因：

实验总结：

实验 2-12　RTK 参数转换与图根控制测量

一、实验目的与要求

RTK 参数转换在图根控制测量中的应用主要是通过实时动态差分技术,将基准站采集的载波相位信息发送给用户接收机,进行坐标解算,从而实现高精度的定位测量。这种技术不仅提高了作业效率,还保证了测量的准确性,是现代测绘工作中不可或缺的技术手段。

图根控制测量的主要目的是确定地面控制点的位置,为后续的测绘工作提供基础数据。这些数据对地图制作、工程建设、地形测量等来说至关重要,包括选择合适的测量仪器、正确的数据处理方法、在稳定的环境条件下进行测量,此外还需要对每个图根点进行至少两次独立测量,以确保数据的准确性和可靠性。

通过对新仪器的学习,传承测量发展史,提升文化自信,增强民族荣誉感,形成守正创新的家国情怀和使命担当。

二、仪器与工具

1. 在实验室借领:全站仪 1 台、棱镜 1 个、RTK 移动站 1 台、RTK 对中杆 1 个。
2. 自备:计算器、铅笔、小刀、草稿纸。

三、实验任务

1. 了解 RTK 接收机的基本功能。
2. 熟悉使用 RTK 进行图根测量的基本操作流程。
3. 熟悉 GNSS 接收机与计算机间的数据传输方法。

四、实验步骤

1. 基准站和移动站参数设置。

与实验 2-8 中的 RTK 测量模式一样,可采用"电台模式",也可采用"网络模式"。

2. 控制点数据采集。

选择两个已知的控制点(坐标已知),采用测量—图根测量进行点数据的采集,采集这两个点的坐标,通常为 CGCS2000 坐标系下的坐标,如图 2-12-1 所示。

3. 四参数+高程拟合。

在手簿中找到"参数转换"功能,在计算类型中选择"四参数+高程拟合",高程拟合中选择"固定差改正",再单击左下角的"添加"按钮实现点数据的添加,如图 2-12-2 所示。

在源点调用第 2 步采集的图根控制点坐标,在目标点输入已知的此控制点坐标,如图 2-12-3 所示。

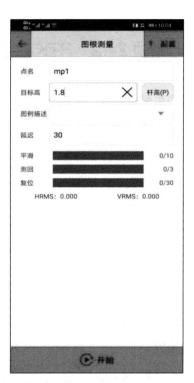

图 2-12-1

图 2-12-2

单击"保存"按钮后成功录入了第 1 个控制点的信息，同样的方法录入第 2 个控制点的坐标信息。

录入好两个控制点的信息后单击"计算"按钮得到参数拟合的结果，主要关注尺度 k，k 值越接近于 1 越好，通常要求的范围为 0.99～1.001，最后单击"应用"按钮即可，如图 2-12-4 所示。

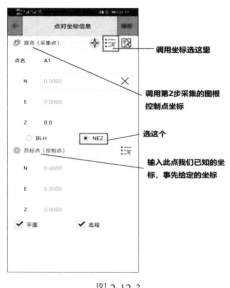
图 2-12-3

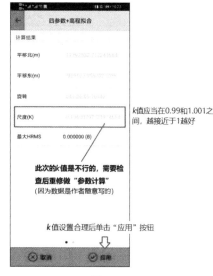
图 2-12-4

4．图根控制点数据采集。

选择其他未知的控制点，采用测量—图根测量进行点数据的采集。

通过对新仪器的学习，传承测量发展史，提升文化自信，增强民族荣誉感，形成守正创新的家国情怀和使命担当。

五、注意事项

1．移动站作业的有效卫星数不宜少于 5 个，PDOP 值应小于 6，并应采用固定解结果。

2．移动站的初始化应在开阔的地点进行。作业中，如出现卫星信号失锁，应重新初始化，并经重合点测量检查合格后，方能继续作业。结束前，应进行已知点检查。

3．碎步测量过程中如果出现基准站位置有变化等提示，通常都是基准站位置变化或电源断开等原因造成的，此时需要重新进行点校正。对采集的数据应进行检查处理，删除或标注作废数据，重测超限数据，补测错漏数据。

4．数据采集时 RTK 跟踪杆气泡尽量保证水平，否则天线几何相位中心偏离碎步点距离过大，精度降低。

实验报告 2-12 RTK 参数转换与图根控制测量

日期：_____ 年级：_____ 专业：_____ 姓名：_____ 学号：_____

指导教师		组别		成绩	
观测者		记录者		天气	

主要仪器及工具：

实验目的：

实验内容：

实验操作方法：

校正点	点名		检测点	点名	
	N(*X*)			N(*X*)	
	E(*Y*)			E(*Y*)	
	Z(*H*)			Z(*H*)	
	仪器高			仪器高	
目标点	坐标				
	X	*Y*		*Z*	
1					
2					
3					
4					
5					
6					
7					
8					
9					
10					
11					
12					
13					
14					
15					
16					
17					
18					
19					
20					
21					
22					
23					
24					
25					
26					
27					

实验数据				
GPS-RTK 已知图根控制点观测记录表				
点名		接收机编号		
观测员		观测日期	测回个数	
平滑次数		目标高类型	目标高	m
延迟		天气情况		
近似经度	° ′ ″	近似纬度	° ′ ″	
记事				
点名		接收机编号		
观测员		观测日期	测回个数	
平滑次数		目标高类型	目标高	m
延迟		天气情况		
近似经度	° ′ ″	近似纬度	° ′ ″	
记事				
GPS-RTK 未知图根控制点观测记录表				
点名		接收机编号		
观测员		观测日期	测回个数	
平滑次数		目标高类型	目标高	m
延迟		天气情况		
近似经度	° ′ ″	近似纬度	° ′ ″	
记事				
点名		接收机编号		
观测员		观测日期	测回个数	
平滑次数		目标高类型	目标高	m
延迟		天气情况		
近似经度	° ′ ″	近似纬度	° ′ ″	
记事				

实验 2-13　无人机的认识及简单飞行

一、实验目的与要求

1．认识无人机的主要构件及功能。
2．熟悉无人机美国手（或日本手）遥控器的操作。
3．在视野开阔、无遮挡的平整场地，并确保实验过程中无关人员不得进入该场地。
4．按照相应的法规合法飞行。

二、仪器设备

在实验室借领：带 RTK 的无人机 1 套。

三、实验任务

每组在老师的指导下认识无人机的主要构件及功能，掌握无人机起飞前检查、飞行控制、数据采集的全过程，并在老师的监督下尝试飞行无人机（有条件的使用教练遥控器），熟悉无人机的操作方式。

四、实验步骤

1．基础准备。
在实验开始前学习无人机的基本构造、飞行原理、航测技术基础，重点学习了无人机的飞行控制系统、传感器技术（如摄像头、IMU、GPS）、数据传输与处理技术等。同时，我们探讨了无人机在航测中的独特优势，如作业效率高、覆盖范围广、数据精度高等。
2．操控与飞行技能培训。
培训无人机起飞前检查、手动与自动飞行模式切换、航线规划、紧急避障等关键技能。通过模拟飞行软件与实地飞行练习，我们逐步掌握了无人机操控技巧，并提高了应对突发情况的应急处理能力。
3．飞行无人机。
在老师的监督下飞行无人机。
美国手操作方法如下：
（1）美国手左手控制。
摇杆上下移动：控制无人机的上升和下降（油门）。
摇杆左右移动：控制无人机水平方向的顺时针或逆时针旋转（方向舵/偏航）。
（2）美国手右手控制。
摇杆上下移动：控制无人机的前进和后退（升降舵/俯仰）。
摇杆左右移动：控制无人机向左或向右的横移（副翼/横滚）。
日本手操作方法如下：
日本手右摇杆：控制无人机的左右移动和升降。向右推右摇杆会使无人机向右飞行，向左推则使无人机向左飞行；向上推会使无人机上升，向下推则使无人机下降。

实验报告 2-13   无人机的认识及简单飞行

日期：_____ 年级：_____ 专业：_____ 姓名：_____ 学号：_____

指导教师		组别		成绩	
观测者		记录者		天气	

主要仪器及工具：

实验目的：

实验内容：

实验操作方法：

实验 2-14　无人机测图航线规划认识

一、实验目的与要求

1. 了解无人机测图的基本原理和流程。
2. 掌握无人机航线规划的方法和技巧。
3. 通过实践提升无人机测图航线规划的能力。
4. 在视野开阔、无遮挡的平整场地，并确保实验过程中无关人员不得进入该场地。
5. 按照相应的法规合法飞行。

二、仪器设备

在实验室借领：带 RTK 的无人机 1 套。

三、实验任务

无人机测图是利用无人机搭载高分辨率相机等传感器对地面进行航拍，通过后续的数据处理生成地形图、正射影像图等地理信息产品。航线规划是无人机测图的重要环节，它直接影响到航拍数据的质量和后续处理的效率。为了更好地实现航线规划，每组在老师的指导下了解无人机测图航线规划的基本概念，掌握无人机测图航线规划的方法，在指定区域规划的航线进行飞行，并采集航拍数据。

四、实验步骤

1. 明确航测范围。

使用航线规划软件（如 Pix4Dcapture、DJI GS PRO 等）的参考底图数据确定项目航飞范围，了解测区地貌，并进行合理的飞行架次划分。

2. 确定航高。

根据测区的地形地貌和建筑高度情况规划飞行高度。若有精度要求，根据地面分辨率计算相对航高。

3. 设定重叠率。

重叠率分为旁向重叠率和航向重叠率。航向重叠率一般设定为 80%，旁向重叠率一般设定为 70%，根据具体环境纹理情况可适当调整。

4. 规划航线。

使用航线规划软件，根据航测范围、航高和重叠率要求，规划航线并保存到云端。确保航线设计合理，避免飞行过程中与障碍物相撞。

5. 检查天气情况。

掌握当前天气状况，观察云层厚度、光照强度和空气能见度，选择合适的飞行时间段，避免中午阳光直射和日落前后光照不足的情况。

6. 实施飞行。

实时监控无人机飞行状态，确保飞行安全。按照规划的航线进行飞行，采集航拍数据。

五、实验结果与分析

1. 航线规划结果：航线规划软件生成的航线合理，符合航测要求；航线覆盖了整个测区，保证了数据的完整性。

2. 航拍数据质量：航拍数据清晰，重叠率符合要求；数据处理过程中未出现明显的错误或遗漏。

实验报告 2-14　无人机测图航线规划认识

日期：_____　年级：_____　专业：_____　姓名：_____　学号：_____

指导教师		组别		成绩	
观测者		记录者		天气	

主要仪器及工具：

实验目的：

实验内容：

实验操作方法：

第 3 章　工程测量综合实习

工程测量综合实习是工程测量课程学习的重要组成部分，是理论教学和实验完成之后展开的综合训练与运用的实践教学环节。对工程测量实际工作组织的实践内容进行系统性训练，有助于巩固、拓展和加深对课堂理论知识的理解和应用，培养和提高学生独立操作工程测量仪器、运算和解决工程测量实际问题的技能。另外，综合实习对提高分析和解决实际问题的能力，培养严谨的工作作风、实事求是的科学态度和团结协作的工作态度都有重要的作用。

一、实习目的

工程测量综合实习是系统性、实践性很强的实践教学环节，要求在具备扎实的测绘理论的基础上进行系统性的实践学习，完成实际的测绘工作。通过综合实习，将已学过的工程测量基本理论知识、基本实验综合起来进行一次系统的实践操作训练，既可以巩固、扩大和加深学生对课堂上所学理论知识的理解，更能系统地掌握对工程测量仪器的操作及记录、计算、地形图绘制、相关软件的使用等基本技能，提高工程测量实际工作的基本技能，丰富实践经验，使学生在测绘工作方面的组织、实施能力得到锻炼，提高学生的独立思考、相互协作和解决实际问题的能力。具体来说，工程测量课程的综合实习教学环节的目的如下：

（1）通过综合实习巩固和深化工程测量基本理论知识的理解，熟悉并掌握常规测绘仪器的操作方法，提高常用测量技术、测量仪器的综合运用能力。

（2）培养学生规范记录、计算和检核的良好习惯，在测量、记录、计算、绘制、软件操作等各个方面得到全面的训练，加强动手能力的培养和锻炼。

（3）培养学生严谨、细致、准确的工作作风和科学态度。

（4）培养学生良好的专业品质和职业道德，增强测量人员的责任感和测绘工作所必需的团结协作精神。

二、综合实习项目

非测绘专业工程测量课程综合实习，教学时间安排一般为 1 周。本书组织了 3 个综合实习，综合实习环节的实施可以从专业要求、时间及设备、实习场地情况，从所组织的内容中选择或组合开展综合实习教学。

（1）大比例尺地形图测绘：每组完成一幅 1:500 的地形图测绘，内容包括控制点选址、埋点、测量、内业计算、外业测图、内业 CASS 成图、实习报告的撰写等。

（2）水准网测量：每组完成不短于 3km 的四等水准网的水准点选址、埋设、测量、平差、实习报告的撰写等。

（3）施工测量：每组一个区域的土石方开挖方量的测量、实验报告的撰写。

综合实习 3-1　地形图测绘（1:500 地形图测绘）

一、实习目的与要求

1．理解和掌握大比例尺地形图测绘中控制测量的外业工作，包括收集测区资料、踏勘选点、角度测量、距离测量、高差测量等各环节的具体工作。

2．掌握控制测量内业计算的基本方法和步骤。

3．掌握数字化成图的方法，认识地形图内容的基本构成要素。

4．培养学生的动手能力、组织能力、团结协作能力、严格的科学态度和工作作风。

二、仪器与工具

1．在实验室借领：全站仪 1 台、棱镜 1 个、三脚架 1 个、RTK 移动站 1 台、对中杆 1 个、铁锤 1 把、木桩 10 个、铁钉若干、油性笔 1 支、2m 钢卷尺 1 把、工具包 1 个、对讲机 3 部。

2．自备：计算器、2H 铅笔。

三、实习任务

1．学会地形图的误差分析，解决实习过程中遇到的问题。

2．整理测量所得的全部数据（空间坐标），交实习报告一份，通过地形图测绘培养学生爱党爱国的工匠精神。

3．每组完成 1 幅 50cm×50cm 的 1:500 的地形图测绘（DWG 格式电子版）。

4．实习场地选择：适宜选在校园内地物类别较多，地形稍有起伏，通视条件较好，人员、车辆来往较少的地方。

四、实习内容与步骤

1．准备工作。

准备工作包括踏勘测区、仪器准备、资料准备，以及其他准备工作。了解测区地形并在测区内踏勘、选点，老师提供的测区内已有控制点位置及坐标数据，学生在测区内选设控制点，布设成闭合导线或附合导线。控制点选定后，钉木桩并在木桩上钉铁钉（若选定的控制点位于混凝土地面，可以在地面上画"十"字作为控制点点位），并用油性笔实地命名，命名可采用 TM111 字样，即土木专业、1 班、1 组、第 1 个控制点，选中点注意相邻控制点要相互通视，避免出现长短相差悬殊的情况，尽量覆盖整个测区，便于碎步测量，完成后绘制导线选点略图。

2．控制测量。

（1）平面控制。采用三级导线进行平面控制，作业技术指标见表 3-1。

水平角采用测绘法进行观测，技术要求见表 3-2。

（2）高程控制。高程控制采用三角高程的方法，与平面控制测量同时进行，采用五等高程控制，主要技术要求见表 3-3。

表 3-1　三级导线技术指标

等级	导线长度/km	平均边长/km	测角中误差/（"）	测距中误差/mm	测距相对误差	测回数		方位角闭合差/（"）	相对闭合差
						2"级仪器	6"级仪器		
三级	1.2	0.1	±12	±15	1/7000	1	2	$24\sqrt{n}$	≤1/5000

表 3-2　水平角观测的技术要求

等级	仪器精度等级	半测回零差/（"）	测回内 2C 互差/（"）
一级及以下	2"级仪器	≤12	≤18
	6"级仪器	≤18	

表 3-3　电磁波测距三角高程测量的主要技术要求

等级	竖直角观测				边长测量		对向观测高差较差/mm	附合或环形闭合差
	仪器精度等级	测回数	指标差较差/（"）	测回较差/（"）	仪器	观测次数		
五等	2"级	2	≤10	≤10	10mm 级	往一次	$60\sqrt{D}$	$30\sqrt{\sum D}$

（3）测量内容。每个导线点上，观测内容为水平角、各方向的竖直角、视线斜边长、仪器高度、各目标的高度。

3．导线测量内业计算。

起算数据由实习指导教师统一给定，内业计算采用平差易软件进行。平差易软件的使用操作步骤及方法可依照《工程测量》教材。

4．碎步点测量。

（1）测量方法。

方法 1：在卫星信号好的地方（固定解），使用 RTK 测量。

方法 2：在卫星信号不好的地方（无解、单点、浮动等），可使用全站仪采集数据。使用全站仪"已知点建站"的方法做。把仪器安架在控制点上，以两个已知的控制点为基础，用全站仪测出地物的特征点（房屋、楼梯上下两端为空间坐标，其余为平面坐标）。

（2）碎步点测量的步骤。找出地物特征点，绘在图纸上，随测随绘（需要上交所有的草图）。

（3）将测量数据导出，使用 CASS 软件绘制地形图，RTK 数据导出（具体方法见 RTK 数据导出与 CASS 绘图步骤）。

五、注意事项

1．碎步点数据要做好备份，外业控制测量记录簿要保存好。

2．小组成员应轮流操作，掌握测记法成图的完整流程，每个小组在野外测量时，画一份草图，内业成图时将草图复印，每个成员按照草图完成内业编辑工作。

实习报告　1∶500 地形图测绘

专业班级：＿＿＿＿＿＿＿＿＿＿＿＿＿＿＿＿＿＿＿

姓　　名：＿＿＿＿＿＿＿＿＿＿＿＿＿＿＿＿＿＿＿

学　　号：＿＿＿＿＿＿＿＿＿＿＿＿＿＿＿＿＿＿＿

小　　组：＿＿＿＿＿＿＿＿＿＿＿＿＿＿＿＿＿＿＿

指导教师：＿＿＿＿＿＿＿＿＿＿＿＿＿＿＿＿＿＿＿

成　　绩：＿＿＿＿＿＿＿＿＿＿＿＿＿＿＿＿＿＿＿

完成时间：＿＿＿＿＿＿＿＿＿＿＿＿＿＿＿＿＿＿＿

一、平面控制布置

进行测区踏勘、控制点的选点工作，选点过程中，逐一绘制各个控制点的点之记，并完成整个控制网略图的绘制，控制测量后将观测数据和起始数据标注在图上。

1. 控制网略图

2. 点之记

控制点的点之记

点号		等级		地类		土质	
点位 平面 略图				点位 剖面 略图			
点位 位置 说明							
通视方向		选点员			选点日期		

控制点的点之记

点号		等级		地类		土质	
点位 平面 略图				点位 剖面 略图			
点位 位置 说明							
通视方向		选点员			选点日期		

控制点的点之记

点号		等级		地类		土质	
点位 平面 略图				点位 剖面 略图			
点位 位置 说明							
通视方向		选点员			选点日期		

控制点的点之记

点号		等级		地类		土质	
点位 平面 略图				点位 剖面 略图			
点位 位置 说明							
通视方向		选点员			选点日期		

控制点的点之记

点号		等级		地类		土质	
点位 平面 略图				点位 剖面 略图			
点位 位置 说明							
通视方向		选点员			选点日期		

控制点的点之记

点号		等级		地类		土质	
点位 平面 略图				点位 剖面 略图			
点位 位置 说明							
通视方向		选点员			选点日期		

控制点的点之记

点号		等级		地类		土质	
点位 平面 略图				点位 剖面 略图			
点位 位置 说明							
通视方向		选点员			选点日期		

控制点的点之记

点号		等级		地类		土质	
点位 平面 略图				点位 剖面 略图			
点位 位置 说明							
通视方向		选点员			选点日期		

控制点的点之记

点号		等级		地类		土质	
点位 平面 略图				点位 剖面 略图			
点位 位置 说明							
通视方向		选点员				选点日期	

控制点的点之记

点号		等级		地类		土质	
点位 平面 略图				点位 剖面 略图			
点位 位置 说明							
通视方向		选点员				选点日期	

二、水平角测量（测回法）

日期：_____ 天气：_____ 记录员：_____ 测量员：_____

测站	测回	竖盘	目标	读数 /（° ′ ″）	半测回角值 /（° ′ ″）	一测回角值 /（° ′ ″）	各测回平均值 /（° ′ ″）

日期：_____ 天气：_____ 记录员：_____ 测量员：_____

测站	测回	竖盘	目标	读数 /（°′″）	半测回角值 /（°′″）	一测回角值 /（°′″）	各测回平均值 /（°′″）

日期：＿＿＿＿＿　天气：＿＿＿＿＿＿　记录员：＿＿＿＿＿＿　测量员：＿＿＿＿＿＿

测站	测回	竖盘	目标	读数 / (° ′ ″)	半测回角值 / (° ′ ″)	一测回角值 / (° ′ ″)	各测回平均值 / (° ′ ″)

日期: _____　天气: _____　记录员: _____　测量员: _____

测站	测回	竖盘	目标	读数 / (° ′ ″)	半测回角值 / (° ′ ″)	一测回角值 / (° ′ ″)	各测回平均值 / (° ′ ″)

日期：_____ 天气：_____ 记录员：_____ 测量员：_____

测站	测回	竖盘	目标	读数 /（° ′ ″）	半测回角值 /（° ′ ″）	一测回角值 /（° ′ ″）	各测回平均值 /（° ′ ″）

日期：_____　天气：_____　记录员：_____　测量员：_____

测站	测回	竖盘	目标	读数 / (° ′ ″)	半测回角值 / (° ′ ″)	一测回角值 / (° ′ ″)	各测回平均值 / (° ′ ″)

测量中遇到的问题及解决办法

编号	所遇到的问题	解决办法

三、边长、三角高程测量记录

测段	仪器所在点：＿＿＿＿＿＿			仪器高：＿＿＿＿＿＿＿			棱镜所在点：＿＿＿＿＿＿			目标高：＿＿＿＿＿＿
	竖盘 /（°′″）	竖盘读数 /（°′″）	半测回竖直角 /（°′″）	一测回竖直角 /（°′″）	竖直角 /（°′″）	斜距/m	平距/m	球气差改正/m	高差/m

测段	仪器所在点：＿＿＿＿＿＿			仪器高：＿＿＿＿＿＿＿			棱镜所在点：＿＿＿＿＿＿			目标高：＿＿＿＿＿＿
	竖盘 /（°′″）	竖盘读数 /（°′″）	半测回竖直角 /（°′″）	一测回竖直角 /（°′″）	竖直角 /（°′″）	斜距/m	平距/m	球气差改正/m	高差/m

测段	仪器所在点：＿＿＿＿＿＿			仪器高：＿＿＿＿＿＿＿			棱镜所在点：＿＿＿＿＿＿			目标高：＿＿＿＿＿＿
	竖盘 /（°′″）	竖盘读数 /（°′″）	半测回竖直角 /（°′″）	一测回竖直角 /（°′″）	竖直角 /（°′″）	斜距/m	平距/m	球气差改正/m	高差/m

测段	仪器所在点：＿＿＿＿＿＿			仪器高：＿＿＿＿＿＿＿			棱镜所在点：＿＿＿＿＿＿			目标高：＿＿＿＿＿＿
	竖盘 /（°′″）	竖盘读数 /（°′″）	半测回竖直角 /（°′″）	一测回竖直角 /（°′″）	竖直角 /（°′″）	斜距/m	平距/m	球气差改正/m	高差/m

测段	仪器所在点：＿＿＿＿＿ 仪器高：＿＿＿＿＿ 棱镜所在点：＿＿＿＿＿ 目标高：＿＿＿＿＿								
	竖盘 / (°′″)	竖盘读数 / (°′″)	半测回竖直角 / (°′″)	一测回竖直角 / (°′″)	竖直角 / (°′″)	斜距/m	平距/m	球气差改正/m	高差/m

测段	仪器所在点：＿＿＿＿＿ 仪器高：＿＿＿＿＿ 棱镜所在点：＿＿＿＿＿ 目标高：＿＿＿＿＿								
	竖盘 / (°′″)	竖盘读数 / (°′″)	半测回竖直角 / (°′″)	一测回竖直角 / (°′″)	竖直角 / (°′″)	斜距/m	平距/m	球气差改正/m	高差/m

测段	仪器所在点：＿＿＿＿＿ 仪器高：＿＿＿＿＿ 棱镜所在点：＿＿＿＿＿ 目标高：＿＿＿＿＿								
	竖盘 / (°′″)	竖盘读数 / (°′″)	半测回竖直角 / (°′″)	一测回竖直角 / (°′″)	竖直角 / (°′″)	斜距/m	平距/m	球气差改正/m	高差/m

测段	仪器所在点：＿＿＿＿＿ 仪器高：＿＿＿＿＿ 棱镜所在点：＿＿＿＿＿ 目标高：＿＿＿＿＿								
	竖盘 / (°′″)	竖盘读数 / (°′″)	半测回竖直角 / (°′″)	一测回竖直角 / (°′″)	竖直角 / (°′″)	斜距/m	平距/m	球气差改正/m	高差/m

测段	仪器所在点：_____　　仪器高：_____　　　　棱镜所在点：_____　　目标高：_____								
	竖盘 /（° ′ ″）	竖盘读数 /（° ′ ″）	半测回竖直角 /（° ′ ″）	一测回竖直角 /（° ′ ″）	竖直角 /（° ′ ″）	斜距/m	平距/m	球气差改正/m	高差/m

测段	仪器所在点：_____　　仪器高：_____　　　　棱镜所在点：_____　　目标高：_____								
	竖盘 /（° ′ ″）	竖盘读数 /（° ′ ″）	半测回竖直角 /（° ′ ″）	一测回竖直角 /（° ′ ″）	竖直角 /（° ′ ″）	斜距/m	平距/m	球气差改正/m	高差/m

测段	仪器所在点：_____　　仪器高：_____　　　　棱镜所在点：_____　　目标高：_____								
	竖盘 /（° ′ ″）	竖盘读数 /（° ′ ″）	半测回竖直角 /（° ′ ″）	一测回竖直角 /（° ′ ″）	竖直角 /（° ′ ″）	斜距/m	平距/m	球气差改正/m	高差/m

测段	仪器所在点：_____　　仪器高：_____　　　　棱镜所在点：_____　　目标高：_____								
	竖盘 /（° ′ ″）	竖盘读数 /（° ′ ″）	半测回竖直角 /（° ′ ″）	一测回竖直角 /（° ′ ″）	竖直角 /（° ′ ″）	斜距/m	平距/m	球气差改正/m	高差/m

测段	仪器所在点：＿＿＿＿＿＿ 仪器高：＿＿＿＿＿＿ 棱镜所在点：＿＿＿＿＿＿ 目标高：＿＿＿＿＿＿								
	竖盘 / (° ′ ″)	竖盘读数 / (° ′ ″)	半测回 竖直角 / (° ′ ″)	一测回 竖直角 / (° ′ ″)	竖直角 / (° ′ ″)	斜距/m	平距/m	球气差 改正/m	高差/m

测段	仪器所在点：＿＿＿＿＿＿ 仪器高：＿＿＿＿＿＿ 棱镜所在点：＿＿＿＿＿＿ 目标高：＿＿＿＿＿＿								
	竖盘 / (° ′ ″)	竖盘读数 / (° ′ ″)	半测回 竖直角 / (° ′ ″)	一测回 竖直角 / (° ′ ″)	竖直角 / (° ′ ″)	斜距/m	平距/m	球气差 改正/m	高差/m

测段	仪器所在点：＿＿＿＿＿＿ 仪器高：＿＿＿＿＿＿ 棱镜所在点：＿＿＿＿＿＿ 目标高：＿＿＿＿＿＿								
	竖盘 / (° ′ ″)	竖盘读数 / (° ′ ″)	半测回 竖直角 / (° ′ ″)	一测回 竖直角 / (° ′ ″)	竖直角 / (° ′ ″)	斜距/m	平距/m	球气差 改正/m	高差/m

测段	仪器所在点：＿＿＿＿＿＿ 仪器高：＿＿＿＿＿＿ 棱镜所在点：＿＿＿＿＿＿ 目标高：＿＿＿＿＿＿								
	竖盘 / (° ′ ″)	竖盘读数 / (° ′ ″)	半测回 竖直角 / (° ′ ″)	一测回 竖直角 / (° ′ ″)	竖直角 / (° ′ ″)	斜距/m	平距/m	球气差 改正/m	高差/m

测段	仪器所在点：＿＿＿＿＿		仪器高：＿＿＿＿＿		棱镜所在点：＿＿＿＿＿		目标高：＿＿＿＿＿			
	竖盘 / (°′″)	竖盘读数 / (°′″)	半测回竖直角 / (°′″)	一测回竖直角 / (°′″)	竖直角 / (°′″)	斜距/m	平距/m	球气差改正/m	高差/m

测段	仪器所在点：＿＿＿＿＿		仪器高：＿＿＿＿＿		棱镜所在点：＿＿＿＿＿		目标高：＿＿＿＿＿			
	竖盘 / (°′″)	竖盘读数 / (°′″)	半测回竖直角 / (°′″)	一测回竖直角 / (°′″)	竖直角 / (°′″)	斜距/m	平距/m	球气差改正/m	高差/m

四、控制网平差

利用平差易软件对控制网进行平差计算，将平差后的控制点坐标数据填在下表中。

点名	X/m	Y/m	H/m	备注

点名	X/m	Y/m	H/m	备注

五、碎步点测量

碎步点测量的心得体会：

六、CASS 软件地形图成图与整饰

利用 CASS 软件的地形图成图过程及心得体会：

综合实习 3-2　放样

质量是企业的生命，是企业发展的根本保证。在建筑市场竞争激烈的今天，如何提高施工质量管理水平是每一位企业管理者必须思考的问题。影响施工质量的因素方方面面，其中工程质量与工程测量的关系特别重要。

"质量"最简单的概括：事物（件）经过一系列操作后所反映结果的表现。工程质量包括的内容非常丰富，如何保证、提高施工质量的措施和方法也是多方面的。但是有一个共同点：过程操作与监控是保证和提高施工质量的根本所在。而在过程操作阶段，工程测量发挥了非常重要的作用。

众所周知，测量放线为工程施工开辟了道路，提供了方向。准确、周密的测量工作不但关系到一个工程是否能顺利按图施工，而且还给施工质量提供重要的技术保证，为质量检查等工作提供方法和手段。可以这样说，如果没有测量，工程施工将寸步难行，施工质量也无从谈起。

在实际施工过程中，必须加强工程测量管理，采取切实可行的措施，全方位地做好施工测量放线工作，以保证和提高施工质量。具体如下：

（1）提高测量放线人员的素质。作为一名合格的、专业的测量员，要具备吃苦耐劳、细心谨慎、团结协作的基本条件。提高读图能力，强化质量意识，养成事前反复考虑，事后认真检查的好习惯。

（2）增加测量仪器的成本投入，采用先进的测量工具，做好测量仪器的定期检测工作。

（3）全民动员，从领导到各专业工程师均要提高对测量工作的认识，参与对测量放线成果的反复检查，及时纠正错误。

（4）合理安排施工工序，为测量放线提供良好的施工环境，从而保证测量放线成果的质量。

以上几点是提高工程施工质量的重要前提。

施工放线需要有强烈的责任心，不能出错，要杜绝一切错误；满足施工的精度要求，但必须避免过分强调高精度。

综合实习 3-2-1　高程及坡度放样

一、实习目的与要求

1. 掌握坡度放线的过程和测量方法，确定现场放坡中心线位置，学会现场打木桩。
2. 熟练计算放坡坡度或竖直角。
3. 学会使用水准仪进行一般高程和坡度放样。

二、仪器与工具

1. 在实验室借领：全站仪1台、棱镜1个（包括对中杆）、三脚架1个、记录板1块。
2. 自备：铅笔、计算器、小刀、草稿纸。

三、实验任务

1. 组织（打桩的间距计算、根数计算、仪器安放位置、测量前进的方向）。
2. 配备实习需要的物资（木桩、手锤、拔桩机）。
3. 技术准备（放好中心线位置）。

四、实习步骤

在道路工程、管线等施工测量中，常常需要在地面上定出一条直线，其坡度值等于设计坡度。如图 3-1 所示，设地面上 A 点的高程为 H_A，A、B 两点之间的水平距离为 D，要求从 A 点沿 AB 方向测设一条设计坡度为 δ 的直线 AB。即在 AB 方向定出 1、2、3、4、B 各桩，使其各个桩顶连线的坡度等于 δ。

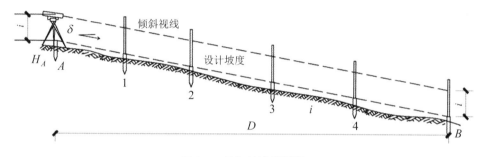

图 3-1　已知坡度线测设

放坡步骤如下：

（1）根据设计坡度 δ 和水平距离 D 计算出 B 点的高程。

$$H_B = H_A - \delta \cdot D \tag{3-1}$$

（2）用水准测量方法把 B 点的设计高程测设到木桩上，则 A、B 两点连线的坡度等于已知设计坡度 δ。

（3）为了在 AB 间加密 1、2、3、4 等点，在 A 点安置水准仪时，使一个脚螺在 AB 方向线上，另两个脚螺旋的连线大致与 AB 线垂直，量取仪器高 i，用望远镜照准 B 点水准尺，旋转在 AB 方向上的脚螺旋使 B 点桩上水准尺上的读数等于 i，此时仪器的视线即为设计坡度线。

（4）在 AB 中间各点打上木桩，并在桩上立尺使读数皆为 i，这样各桩桩顶的连线就是测设坡度线。也可利用全站仪定出中间各点。

五、注意事项

1. 架设仪器的位置尽量在 A 点和 B 点之间，同时能看到 1 点、2 点、3 点、4 点的位置，便于观测放样。

2. 坡度的假设应该合理，以设计高程位置都落在木桩上为准，方便画线，最后能看到完整的坡度线。

综合实习记录表 3-2-1　高程及坡度放样

日期：＿＿＿＿＿＿ 年级：＿＿＿＿＿＿ 专业：＿＿＿＿＿＿ 姓名：＿＿＿＿＿＿ 学号：＿＿＿＿＿＿

已知点 A 高程 H_A = 　　　　　　　　　　　　　　设计坡度 i_{AB} =

点号	设计高程/m	实测高程值	误差值

综合实习报告 3-2-1　高程及坡度放样

日期：_____ 年级：_____ 专业：_____ 姓名：_____ 学号：_____

实训题目	高程及坡度放样	成绩	
实训目的			
主要仪器及工具			
实训场地布置草图			
实训主要步骤			
实习总结			

综合实习 3-2-2   场地抄平测量

一、实习目的与要求

1. 掌握全站仪的应用。
2. 掌握抄平测量的全过程和测量方法。
3. 确定现场各桩的位置，保证抄平的要求。
4. 学会现场打木桩和拔桩。
5. 确定抄平的平整度和坡度。

二、仪器与工具

1. 在实验室借领：全站仪 1 台、棱镜 1 个（包括对中杆）、三脚架 1 个、记录板 1 块。
2. 自备：铅笔、计算器、小刀、草稿纸。

三、实验任务

1. 组织（按照抄平的要求计算出各桩的位置和根数，确定仪器安放位置和测量前进的方向）。
2. 配备实习需要的物资（木桩、手锤、拔桩机）。
3. 技术准备（确定各桩的位置）。

四、实习过程

场地平整是将需进行建筑范围内的自然地面通过人工或机械挖填平整改造成为设计所需要的平面，以利于现场平面布置和文明施工。在工程总承包施工中，三通一平工作常常是由施工单位来实施，因此场地平整也成为工程开工前的一项重要内容。

场地平整要考虑满足总体规划、生产施工工艺、交通运输和场地排水等要求，并尽量使土方挖填平衡，减少运土量和重复挖运。

五、施工准备

1. 技术准备

（1）学习和审查图纸，核对平面尺寸和标高，图纸相互间有无错误或矛盾；掌握设计内容及各项技术要求，了解工程规模、特点、工程量和质量要求；审查地基处理和基础设计，进行图纸会审。

（2）熟悉土层地质、水文勘察资料，搞清地下构筑物、基础平面与周围地下设施管线的关系，图纸相互间有无错误和冲突。

（3）查勘施工现场，摸清工程场地情况，收集施工需要的各项资料，包括施工场地地形、地貌、地质水文、河流、气象、运输道路现状，邻近建筑物、地下基础、管线、防空洞、地面上施工范围内的障碍物和堆积物状况，供水、供电、通信情况，防洪排水系统等，以便为施工规划和准备提供可靠的资料和数据。

（4）研究制定现场场地平整、基坑开挖施工方案；绘制施工总平面布置图和场地平整或基坑开挖图，确定开挖路线、顺序、范围、场地标高或基底标高、边坡坡度、排水沟、集水井位置，场地平整的土方调配方案，多余土方或基槽土方的堆放地点、运距，提出需用的施工机具、劳动力、推广新技术计划等。

（5）根据施工方案编制技术交底，并向参加施工人员进行详细的技术和安全文明施工交底。

2．材料准备

做好临时设施用料和机械用油料计划、采购和进场组织工作，按施工平面图要求指定地点存放。

3．作业条件

（1）现场已作初步勘察，根据现场实际情况编制了场地平整施工方案。

（2）施工机械和人员已落实。

（3）必要的临时道路、临时设施已有。

六、施工工艺

1．工艺流程

现场勘察→清除地面障碍物→标定整平范围→设置水准基点→设置方格网，测量标高。

2．施工要点

（1）现场勘察。当确定平整工程后，首先应到现场进行勘察，了解场地地形、地貌和周围环境。根据建筑总平面图及规划了解并确定现场平整场地的大致范围。

（2）清除地面障碍物。平整前必须把场地平整范围内的障碍物如树木、电线、电杆、管道、房屋等清理干净。场地原有高压线、电杆、塔架、地上和地下管道、电缆、树木、沟渠、旧有房屋、基础等进行拆除、搬迁、改建、改线；对附近原有建筑物、电杆、塔架等采取有效的防护和加固措施，可利用的建筑物应充分利用。应在工程基础部位按照设计要求对地基进行局部处理。

（3）根据总图要求的标高，从水准基点引进基准标高作为确定土方量计算的基点。土方量的计算有方格网法和横截面法，可根据地形的具体情况选用。现场抄平的程序和方法由确定的计算方法选用。通过抄平测量可计算出该场地按设计要求平整需挖土和回填的土方量，再考虑基础开挖还有多少挖出（减去回填）的土方量，并进行挖填方的平衡计算，做好土方平衡调配，减少重复挖运，以节约运费。

（4）平整场地的表面坡度应符合设计要求，如设计无要求时一般应向排水沟方向做成不小于2‰的坡度。

（5）平整后的场地表面应逐点检查，检查点为每100～400m²取1点，但不少于10点；长度、宽度和边坡均为每20m取1点，每边不少于1点，其质量检验标准应符合规范要求。

（6）场地平整应经常测量和校核其平面位置、水平标高、边坡坡度是否符合设计要求，如图3-2所示。

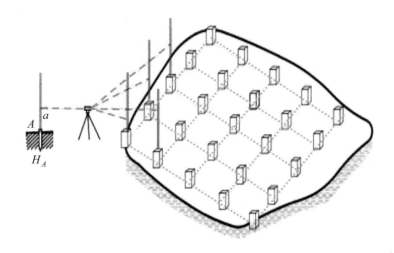

图 3-2　抄平测设

七、技术要求

1. 学会坡度计算。
2. 学会放坡的测设方法。

综合实习记录表 3-2-2　场地抄平测量

日期：_____　年级：_____　专业：_____　姓名：_____　学号：_____

点号	设计高程/m	实测高程值	误差值
已知点 A 高程 $H_A =$		设计坡度 $i_{AB} =$	

综合实习报告 3-2-2　场地抄平测量

日期：_____ 年级：_____ 专业：_____ 姓名：_____ 学号：_____

实训题目	场地抄平		成绩	
实训目的				
主要仪器及工具				
实训场地 布置草图				
实训主要步骤				
实习总结				

综合实习 3-3　建筑物的定位和放线

一、实习目的与要求

1. 掌握全站仪的应用。
2. 掌握建筑物的定位和放线。
3. 熟悉全站仪测量过程和测量方法。

二、仪器与工具

1. 在实验室借领：全站仪 1 台、棱镜 1 个（包括对中杆）、三脚架 1 个、钢尺、记录板 1 块。
2. 自备：铅笔、计算器、小刀、草稿纸。

三、实习任务

1. 根据与原有建筑物的关系定位；根据建筑方格网定位；根据控制点的坐标定位。
2. 根据定位的主轴线桩详细测设其他各轴线交点的位置，并用木桩（桩上钉小钉）标定出来。

四、测量的要求

建筑物的定位和放线是建筑施工中的关键步骤，它们可确保建筑物按照设计图纸准确无误地建造。建筑物定位和放线的主要要求如下：

1. 定位和放线工作的首要要求是高精度，任何微小的误差都可能导致建筑物的位置或形状出现偏差，从而影响建筑物的安全性和功能性。
2. 基准点的选择至关重要，必须选择稳定、不易受外界因素影响的点作为基准点。
3. 在施工现场，定位线的标记必须清晰可见，以便施工人员能够准确地参照这些线进行作业。同时所有的测量数据和标记都应该详细记录，为后续的施工提供可靠的依据。
4. 所有的定位和放线工作都必须符合国家相关规范和标准。
5. 在进行定位和放线工作时，安全始终是第一位的。

五、实习过程

1. 建筑物的定位

建筑物的定位就是根据设计条件将建筑物四周外廓主要轴线的交点测设到地面上，作为基础放线和细部轴线放线的依据。由于设计条件和现场条件不同，建筑物的定位方法也有所不同，本实习根据建筑方格网和建筑基线定位，如图 3-3 所示。

拟建建筑物的外墙边线与原有建筑物的外墙边线在同一条直线上，两栋建筑物的净距为 10.000m，拟建建筑物四周长轴为 23.700m，短轴为 17.900m，轴线与外墙边线间距为 0.300m，可按以下方法测设其四个轴线的交点：

（1）沿原有建筑物的两侧外墙拉线，用钢尺顺线从墙角往外量一段较短的距离（这里设为 2.000m），在地面上定出 A 和 A_1 两个点，A 和 A_1 的连线即为原有建筑物的平行线。

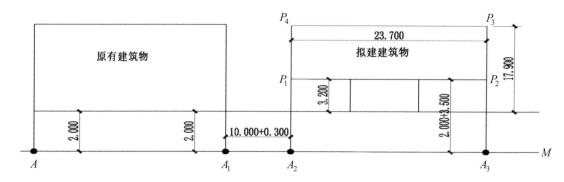

图 3-3   根据与原有建筑物的关系定位

（2）在 A 点安置全站仪，照准 A_1 点，在 AA_1 方向线上确定一个点 M，然后把全站仪安置在 A_1 点，目标瞄准 M 点，使全站仪屏幕上读取读数 10.000m+0.300m 时棱镜底部位置即为 A_2 点。再沿视线方向在全站仪读取 33.400m 时棱镜底部位置即为 A_3 点。A_2 点和 A_3 点的连线即为拟建建筑物的平行线，其长度等于长轴尺寸。

（3）把全站仪安置在 A_2 点，照准 A_3 点，逆时针测设 90°，在视线方向慢慢移动棱镜，当全站仪屏幕上读数为 2.000m+3.500m 时棱镜底部位置即为 AP_1 点；再把全站仪安置在 A_1 点，目标瞄准 A_2 点，逆时针转动 90°，让全站仪屏幕读数为 23.400m，棱镜底部指的位置即为 P_2 点；目标点瞄准 P_2 点，逆时针转动 90°，让全站仪屏幕读数为 14.100m，棱镜底部指的位置即为 P_4 点；同理，在 P_4 点安置全站仪，照准 P_1 点，逆时针转动 90°，在视线方向全站仪屏幕上读数为 23.100m，棱镜底部位置即为 P_3 点。那么 P_1 点、P_2 点、P_3 点和 P_4 点即为拟建建筑物的 4 个定位点。

（4）在 P_1 点、P_2 点、P_3 点和 P_4 点上安置全站仪，检核 4 个大角是否为 90°，用钢尺丈量 4 条轴线的长度，检核长轴是否为 27.300m，短轴是否为 17.900m。用钢尺检查各相邻轴线桩的间距是否等于设计值，误差应小于 $\dfrac{1}{3000}$。

2. 建筑物的放线

建筑物的放线是指根据现场已测设好的建筑物定位点详细测设其他各轴线交点的位置，并将其延长到安全的地方做好标志，然后以细部轴线为依据，按基础宽度和放坡要求用白灰撒出基础开挖边线。放样方法如下：

（1）测设建筑轴线位置。

1）测设主轴线。如图 3-4 所示，根据现场控制线测设Ⓐ和Ⓒ、①和④是 4 条建筑物的外墙主轴线，其轴线交点 P_1、P_2、P_3 和 P_4 是建筑物的定位点。按照以上的测设方法测设出②③Ⓑ轴线。

在 P_1 点、P_2 点、P_3 点和 P_4 点打上定位桩，并在Ⓒ轴与②③轴交接点、Ⓐ轴与②③轴交接点和Ⓑ轴与①④轴交接点分别打上部轴线桩。

在 A 点安置全站仪，照准 D 点，逆时针转动 90°，在视线方向，全站仪屏幕上读数为 3.000m，棱镜底部位置即为 1 点；在 D 点安置全站仪，照准 A 点，逆时针转动 90°，在视线方向，全站仪屏幕上读数为 3.000m，棱镜底部位置即为 2 点，连接 1、2 两点，即为 1/A 附加轴线。同上方法，可以测试出 2/A、3/A、1/B、2/B、3/B 附加轴线，如图 3-5 所示。

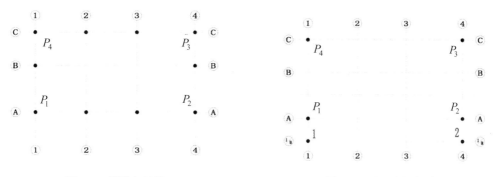

| 图 3-4 测设主轴线 | 图 3-5 测设附加轴线 |

（2）引测轴线。在基槽或基坑开挖时，定位桩和细部轴线桩均会被挖掉，为了使开挖后各阶段施工能准确地恢复各轴线位置，应把各轴线延长到开挖范围以外的地方并做好标志，这个工作称为引测轴线，具体有设置龙门板和轴线控制桩两种形式。

1）设置龙门板。

①如图 3-6 所示，在建筑物四角和中间隔墙的两端，距基槽边线约 1～2m（土方开挖时不至于被破坏为准）以外，竖直钉设大木桩，称为龙门桩，并使桩的外侧面平行于基槽。

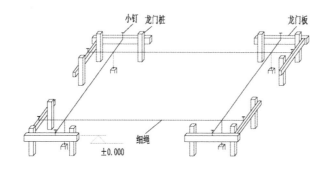

图 3-6 龙门桩与龙门板

②根据附近水准点，用水准仪将±0.000 标高测设在每个龙门桩的外侧上，并画出横线标志。如果现场条件不允许，也可测设比±0.000 高或低一定数值的标高线，同一建筑物最好只用一个标高。

③在相邻两龙门桩上钉设木板称为龙门板，龙门板的上沿应和龙门桩上的横线对齐，使龙门板的顶面标高在一个水平面上，并且标高为±0.000 或比±0.000 高一点的数值，龙门板顶面标高的误差应在±5mm 以内。

④根据轴线桩，用全站仪将各轴线投测到龙门板的顶面，并钉上小钉作为轴线标志，此小钉也称为轴线钉，投测误差应在±5mm 以内。

⑤用钢尺沿龙门板顶面检查轴线钉的间距，其相对误差不应超过 $\dfrac{1}{3000}$。

2）轴线控制桩。由于龙门板需要较多木料，而且占用场地，使用机械开挖时容易被破坏。因此，也可以在基槽或基坑外各轴线的延长线上测设轴线控制桩，作为以后恢复轴线的依据。即使采用了龙门板，为了防止被碰动，对主要轴线也应测设轴线控制桩。

（3）用白灰撒开挖边线。如图 3-7 所示，按基础剖面图给出的设计尺寸计算基槽的开挖宽度 2d。

$$d = B + mh$$

式中，B 为基底宽度，可由基础剖面图中查取，h 为基槽深度，m 为边坡坡度的分母。根据计算结果，在地面上以轴线为中线往两边各量出 d，拉线并撒上白灰，即为开挖边线。

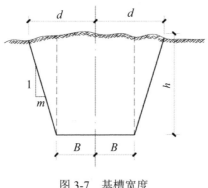

图 3-7 基槽宽度

如果是基坑开挖，则只需按最外围墙体基础的宽度、深度及放坡确定开挖边线，只需如图 3-8 所示。

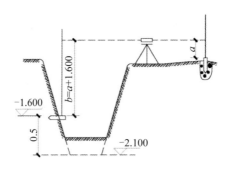

图 3-8 基槽水平桩测设

建筑物的定位和基础性放线工作是整个建筑施工的关键环节，因此做好建筑的定位和放线有利于提高建筑工程的整体质量，尤其在施工过程中需要确保放线定位的精准度，杜绝错误，避免因为基础性的定位放线工作影响整体建筑工程的进度，只有这样才能使工程质量得到保障。

综合实习记录表 3-2-3　建筑物的定位和放线

日期：_____ 年级：_____ 专业：_____ 姓名：_____ 学号：_____

点号	设计高程/m	实测高程值	误差值
已知点 A 高程 $H_A =$		设计坡度 $i_{AB} =$	

综合实习报告 3-2-3　建筑物的定位和放线

日期：_____ 年级：_____ 专业：_____ 姓名：_____ 学号：_____

实训题目	建筑物的定位和放线	成绩	
实训目的			
主要仪器及工具			
实训场地布置草图			
实训主要步骤			
实习总结			

第4章 工程测量实践课程练习

一、练习题1

1. 什么叫绝对高程？什么叫假定高程？什么是高差？

2. 测量平面直角坐标系与数学平面直角坐标系的联系与区别是什么？

3. 什么是水准面？什么是大地水准面？

4. 测量工作应遵循的基本原则是什么？

5. 请简述高斯－克吕格投影是如何形成的。

二、练习题 2

1. 高程测量的目的是什么？

2. 高程测量的主要方法有哪几种？一般来说，哪种测量方法的精度最高？

3. 水准测量的基本原理是什么？请绘制示意图并简要说明。

4. 计算并调整下图表示的某铁路闭合水准成果，并求出各（水准）点的高程。已知水准点 BM.A 的高程为 50.330m，闭合差限差为：$f_{限} = \pm 12\sqrt{n}$。

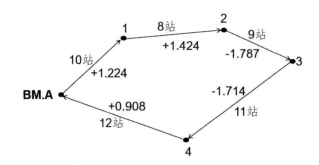

点名	测站数	观测高差/m	改正数/m	改正后高差/m	高程/m
BM.A					
1					
2					
3					
4					
BM.A					
Σ					
$f_h =$		$\leqslant f_{限} = \pm 12\sqrt{n} =$			

三、练习题 3

1. 由下表列出的水平角观测成果计算其角度值。

测站	目标	水平度盘读数	半测回角值	一测回角值	草图
0	A	130°08′06″			
	B	190°15′24″			
	B	10°16′18″			
	A	310°08′56″			

2. 下表为全圆观测数据，试计算表格其他值。

测站	测回	方向数	读数 盘左 L / (°　′　″)	读数 盘右 R / (°　′　″)	2C	方向值 (L+R−180°)/2	归零方向值 / (°　′　″)	各测绘归零方向值 / (°　′　″)
A	I	1	0　00　20	180　00　16				平均方向值： 1— 2— 3— 4—
		2	60　58　11	240　58　13				
		3	109　33　01	289　33　03				
		4	155　53　38	335　53　39				
		5	0　00　19	180　00　23				
A	III	1	90　16　30	270　16　29				
		2	151　14　21	331　14　28				
		3	199　49　48	19　49　52				
		4	246　09　47	66　09　53				
		5	90　16　26	270　16　30				

3. 直角观测数据列于表中，请完成其记录计算。

测站	目标	盘位	竖盘读数 / (°　′　″)	半测回角值 / (°　′　″)	指标差 / (″)	一测回角值 / (°　′　″)
0	A	左	87　14　23			
		右	272　46　03			
0	B	左	98　27　33			
		右	261　32　57			

该仪器竖盘为全圆逆时针注记。盘左视线水平时，竖盘指标指在 90°附近。

4. 设已测得从经纬仪中心到铁塔中心的距离为 45.20m，塔顶的仰角为 22°51′，塔底中心俯角为 1°30′，求铁塔高 H（计算到 0.1m）。

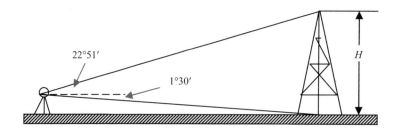

四、练习题 4

1. 将坐标正算公式分别代入测量平面直角坐标系的 4 个象限，试说明坐标正算公式在每个象限中都适用。

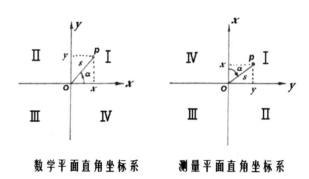

数学平面直角坐标系　　　测量平面直角坐标系

2. 将坐标反算公式分别代入测量平面直角坐标系的 4 个象限，试推导在 4 个不同象限坐标反算公式需要添加的常数。

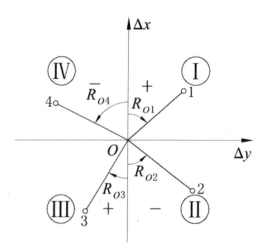

五、练习题 5

1. 布设导线有哪几种形式？请绘制示意图并简要说明。

2. 什么是等高线？它有哪些特性？

3. 什么是控制测量？控制测量的目的是什么？

六、练习题6

1. 按一定方向绘制 AB 所在的纵断面图。

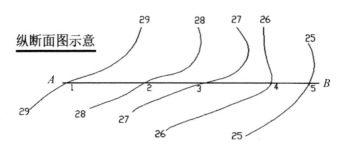

2. 根据以下地形图，每个小正方格：实际边长为 100m，图上边长为 100mm。请完成以下要求：

（1）求出 $A(X_A,Y_A)$（已知图上：p_A=40mm，m_A=40mm）。

（2）如果 B 点坐标为(670,1370)，则求出 AB 的水平距离 D_{AB}（保留整数）。

（3）求出直线 AB 的方位角。

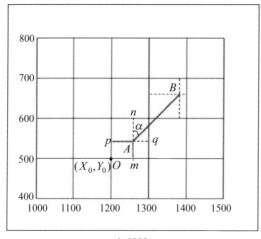

1:1000

3．设 A 点高程为 15.023m，现欲测设设计高程为 16.000m 的 B 点，水准仪架在 A、B 之间，A 尺上读数为 a=2.340m，则 B 尺读数 b 为多少时才能使尺底高程为 B 点高程，怎样操作才能使 B 桩顶部高程为设计值？

4．如图，已知等高线 c 和 d，过 M 点作到两等高线距离最短的线段，分别交两等高线于 A 点和 B 点，AM=8mm，BM=2mm，求 M 点的高程 HM。

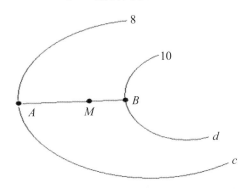

第 5 章　中海达 RTK 测量坐标数据导出

一、查看采集坐标点

在手簿中单击"项目"→"坐标数据"可以查看采集的碎步点数据，如图 5-1 所示。

图 5-1　坐标数据

二、在手簿中导出坐标文件（无需连接计算机）

在手簿中单击"项目"→"数据交换"可将原始的坐标数据导出，如图 5-2 所示。

图 5-2　数据交换

可以修改导出文件的名称，可以选择导出文件的格式（建议.dat），最后单击"确定"按钮。

三、把文件从手簿内存里拷贝到计算机中（需要连接计算机）

用 USB 线把手簿与计算机连接起来，特别注意要在手簿上选择"打开 USB 存储设备"，这个是手簿的保护数据设置（不在手簿上操作，允许计算机打开手簿的存储权限，将无法开启手簿上的数据），如图 5-3 所示。

图 5-3　打开 USB 存储设备

在计算机上找到手簿的存储设备，名称一般为手簿的型号（如 ihand30），依次按照 ZHD-Out-文件名（此文件名为之前在手簿中的文件名）来找到手簿中的文件，将其复制到自己的计算机中，进行绘图，如图 5-4 所示。

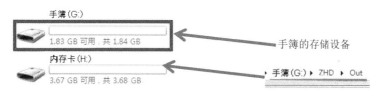

图 5-4　存储设备

坐标数据的位置如图 5-5 所示。

图 5-5　坐标数据的位置

第 6 章　CASS 绘图步骤总结

一、数据格式

一般为 dat 格式或 txt 格式（可以用记事本方式打开查看数据），需要注意的是数据的格式必须是点名,,Y,X,Z，特别要注意 Y 横坐标在前，X 纵坐标在后。在 CGCS2000 中，X 为 7 位，Y 为 6 位或 8 位（不含带号为 6 位，含带号为 8 位），如图 6-1 所示。

pt0,,524584.6899,2954871.857,1830.6539
pt1,,524590.6714,2954900.536,1830.8928
pt2,,524589.0286,2954900.757,1830.8328
pt3,,524591.0592,2954907.613,1830.8298
pt4,,524590.7602,2954908.67,1830.8368
pt5,,524585.7804,2954908.572,1831.1998

图 6-1　数据格式

二、展点

绘图处理—展野外测点点号可采用 ddptype 可以改变点的样式。

三、绘图

使用右侧的绘图符号进行绘制，如图 6-2 所示。

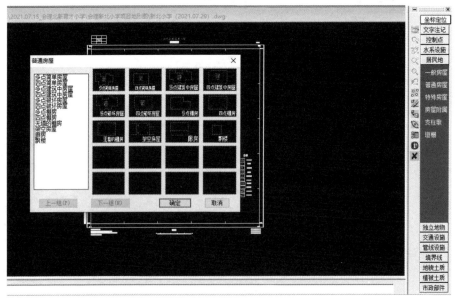

图 6-2　绘图界面

四、生成图廓

1. 设置图廓基本信息

通过"文件"→"CASS 参数配置"→"图廓属性"调整，如图 6-3 所示。

2. 图廓

通过"绘图处理"→"分幅形式"设置。

可自己输入左下角坐标，建议坐标要是 50 的整数倍（1:500 的地形图，10cm 就是 50m）。

一般选择"取整到米"（如果字显示不出来，只显出"？"，则改变字体即可），如图 6-4 所示。

图 6-3　图廓基本信息

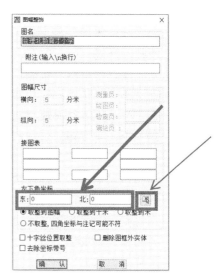

图 6-4　坐标设置

3. 绘制图例

CASS 没有自动生成图例的功能，需要自己绘制，可复制其他工程实例中的图例，如图 6-5 所示。

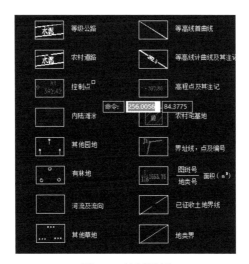

图 6-5　绘制图例

参 考 文 献

[1] 肖争鸣. 工程测量实训教程[M]. 北京：中国建筑工业出版社，2020.

[2] 李会青，陈华安. 工程测量实务[M]. 北京：北京理工大学出版社，2020.

[3] 张营，张丽丽. 建筑工程测量[M]. 北京：北京理工大学出版社，2020.

[4] 郭宗河，郑进凤. 工程测量实用教程[M]. 北京：中国电力出版社，2020.

[5] 李乃稳，鲁恒，杨正丽. 3S 技术在水利科学中的应用[M]. 北京：中国水利水电出版社，2020.

[6] 刘蒙蒙，李章树，张璐. 工程测量实验与实训[M]. 北京：化学工业出版社，2019.

[7] 周文国，郝延锦. 工程测量[M]. 北京：测绘出版社，2019.

[8] 余正吴，范玉红. 数字地形测量实验实习教程[M]. 北京：人民交通出版社，2019.

[9] 赵玉肖，吴聚巧. 工程测量[M]. 北京：北京理工大学出版社，2019.

[10] 李章树，刘蒙蒙，赵立. 工程测量学[M]. 北京：化学工业出版社，2019.

[11] 刘伟，权娟娟. 工程测量项目化教程[M]. 北京：中国电力出版社，2019.

[12] 覃辉. 土木工程测量[M]. 上海：同济大学出版社，2019.

[13] 陈竹安. 地籍测量学实习指导书[M]. 北京：地质出版社，2018.

[14] 吴北平. 测量学实习指导书[M]. 武汉：中国地质大学出版社，2018.

[15] 张豪. 土木工程测量实验与实习指导教程[M]. 北京：中国建筑工业出版社，2018.

[16] GB 50026-2020，工程测量规范[S].